HUBO UN MOMENTO EN QUE PUDIMOS CAMBIAR ESTO

HUBO UN MOMENTO EN QUE PUDIMOS CAMBIAR ESTO

Ramón J. Soria Breña

Prólogo de
José Miguel Viñas

Alianza Editorial

Créditos de las imágenes:

pág. 28: «Un punto azul pálido»; by NASA/JPL-Caltech
pág. 36: Greta Thunberg; by Anders Hellberg (CC BY-SA 4.0)
pág. 84: Granulado de plástico; by maldeseine (CC BY-SA 3.0)
pág. 208: Banksy, «Girl with Balloon»; by Dominic Robinson (CC BY-SA 2.0)
pág. 220: Bicicletas hundidas en la nieve; by AlejoRofer (CC0)
pág. 234: Vista de la Tierra; by NASA (CC0)

© Ramón J. Soria Breña, 2024
© del prólogo: José Miguel Viñas, 2024
© Alianza Editorial, S.A. Madrid, 2024
Calle Valentín Beato, 21
28037 Madrid
www.alianzaeditorial.es

PAPEL DE FIBRA
CERTIFICADA

ISBN: 978-84-1148-697-2
Depósito legal: M. 4.682-2024
Printed in Spain

Si quiere recibir información periódica sobre las novedades de Alianza Editorial, envíe un correo electrónico a la dirección: alianzaeditorial@anaya.es

Índice

PRÓLOGO

UN PASO AL FRENTE

¿Prologar un panfleto? ¿Por qué te metes en estos charcos, Viñas? ¡No esperaba esto de ti!... Es posible que muchas de las personas que habitualmente me leen, escuchan por la radio o me ven salir por televisión, muestren su extrañeza al leerme en las primeras páginas de este libro, que el propio autor califica abiertamente como un panfleto. Es verdad que esta palabra tiene connotaciones negativas —la RAE lo define como un libelo difamatorio, un opúsculo de carácter agresivo—, pero después de leerlo, creo que Ramón J. Soria, aparte de haber hecho un magnífico trabajo, ha elegido la fórmula perfecta; la más adecuada para hablar de *esto* en estos momentos. Ese *esto* al que alude el título de la obra no debemos identificarlo únicamente con el cambio climático, el calentamiento global o la emergencia climática (como prefiera llamarlo), sino con el estado de salud del planeta en cualquier ámbito que se le ocurra. Formamos parte de él y cada uno de nosotros hemos contribuido a que tenga fiebre y a que esta empiece a ser alta, lo que inevitablemente nos complicará cada vez más nuestra existencia y la del resto de seres vivos que habitamos este bello pero vulnerable punto azul pálido.

Citar a Sagan, su profunda reflexión sobre nuestro lugar en el universo —en ese punto azul pálido—, nuestra insignificancia —a pesar de tener aires de grandeza— y todo lo bueno y lo malo que somos capaces de hacer y que condiciona nuestro destino, es lo primero que hace Ramón. ¡No está mal para ser un panfleto! No hay mejor forma posible de arrancar con el ensayo. El autor no es un especialista en cambio climático ni este es un libro de divulgación científica. Es antropólogo, sociólogo y está curtido en la labor divulgadora. Sabe de lo que habla, está bien informado sobre el tema, concienciado y preocupado por la deriva que está tomando todo, por el futuro de su hijo y el de las generaciones venideras.

Descubrí a Ramón gracias a su anterior libro: *España no es país para ríos* (Alianza Editorial, 2023). En él expone, sin medias tintas, llamando a las cosas por su nombre, la triste y dura realidad de la degradación de los cursos fluviales que surcan nuestro país.

Una fiel radiografía de su lamentable estado, como consecuencia de una pésima gestión del recurso hídrico. Escribe con conocimiento de causa, comparte sus vivencias personales y también las entrañables conversaciones que mantuvo con personas mayores que disfrutaron antaño de unos ríos muy distintos a los actuales. Me atrapó su manera de escribir, de hilvanar historias, la información que comparte, su forma de comunicar… No es de extrañar que Diego Blasco, nuestro editor, le sugiriera escribir un nuevo libro del mismo corte –panfletario–, pero dedicado en esta ocasión al cambio climático, a la encrucijada en la que nos hemos metido. Ramón tenía una nueva oportunidad para destapar las vergüenzas de cada uno de nosotros por la pasividad que mostramos ante la ola de Kanagawa que se nos viene encima. El resultado lo tiene entre sus manos: un libro que removerá su conciencia y que, a buen seguro, no le dejará indiferente.

Hablar o escribir sobre este asunto no es una tarea fácil. Estamos ante el mayor reto al que jamás se ha enfrentado la humanidad. No le quepa la menor duda de ello. Mientras que en el primer mundo la mayor parte de parte de la sociedad vive en su burbuja de cristal tecnológica, ajena (consciente o inconscientemente) a las consecuencias devastadoras a las que nos conduce nuestro ostentoso e insostenible modo de vida, en el resto del mundo —el de los más desfavorecidos, que son mayoría absoluta—

los impactos del calentamiento global empiezan a causar estragos. Es urgente y prioritario despertar a la gente de su letargo, transmitir de forma eficaz a la población los riesgos a los que nos enfrentamos, en base al conocimiento científico. No queda otra que acercar la ciencia a los ciudadanos a través de la educación y la cultura. Esto es fundamental y en ello insiste Ramón. La divulgación científica cumple un importante papel en estos momentos, pero es necesario buscar nuevas fórmulas. La elegida por él para hablar de estos temas; sin prejuicios, diciendo las cosas por su nombre, a cara descubierta, mostrando su indignación, frustración, preocupación... me parece totalmente acertada.

Como divulgador de las ciencias atmosféricas, desde que comencé con esta labor, hace casi treinta años, me he tenido que enfrentar al reto de comunicar el cambio climático, y en ello sigo. Dos de mis libros los he dedicado a este asunto. El primero de ellos —mi estreno en el mundo editorial— lo publiqué en 2005, y el segundo en 2022. Los dos llevan mi firma, mi forma de escribir, pero se ha producido una evolución en la manera de relatar los hechos. Mientras que en 2005 el que escribía era un joven físico, obsesionado por ofrecer datos científicos, referencias bibliográficas, tecnicismos..., en 2022, lo hacía un comunicador ya entrado en canas, más preocupado por conectar con el lector que por apabullarle con informaciones contrastadas, en su afán por mantener el rigor científico como bandera. A pesar de ello, su eficacia comunicativa queda varios escalones por debajo de la que consigue Ramón J. Soria con *Hubo un momento en que pudimos cambiar esto*, tal y como el lector tendrá ocasión de comprobar.

El psicólogo sanitario y también divulgador Ramón Nogueras ha ofrecido algunas de las claves para mejorar esa eficacia comunicativa. Conocer aspectos de la psicología humana es fundamental. Ahí reside la clave del éxito. Sobre el cambio climático ya se ha escrito mucho, seguramente demasiado, lo que ha provocado cierto hartazgo entre la población, saturada por estas informaciones, que, además, casi siempre son negativas. El tema preocupa, lo confirman las encuestas, pero no estamos dispuestos a salir de nuestra zona de confort. No se quiere aceptar la *verdad incómoda* que proclamaba Al Gore en sus conferencias y en la película. Quizás lo hagamos cuando nos demos cuenta de que la felicidad no viene solo de la mano de un consumo compulsivo, de seguir esquilmando los recursos naturales terrestres, o de que el decrecimiento no es una vuelta a la Edad de Piedra. Para tomar conciencia de esto hay que construir un discurso adecuado. Ramón, el psicólogo, nos cuenta que la población ha de entender que el sistema climático es enormemente complejo y que también lo es la ciencia que lo estudia. Las incertidumbres inherentes a la evolución del clima no invalidan todo el conocimiento que hemos adquirido sobre el tema. Los modelos matemáticos con los que se elaboran las proyecciones climáticas, a pesar de sus limitaciones y de las citadas incertezas, son un hito del conocimiento humano, ¡un éxito sin parangón!

Señala también que es importante contar buenas historias y presentarlas de tal forma que transmitan objetivamente qué está pasando y qué puede ocurrir en el futuro. Esto Ramón, el autor, lo borda. Ya lo hizo en *España no es país para ríos* y lo repite ahora, aprovechando un viaje en bicicleta por varios países europeos que realizó en el verano de 2023 con unos amigos. Parte del libro lo fue escribiendo durante el recorrido e integra en él sus propias vivencias: momentos felices, de plenitud, alternados con otros menos buenos, con adversidades meteorológicas (fuertes tormentas, calor extremo) que llevan la firma del calentamiento global, y una forma sostenible de viajar, salpicada por momentos en los que ni él ni sus compañeros se privaron de los lujos que nos brinda la vida occidental, a costa de una alta huella de carbono. Todos *pecamos*, yo el primero.

Nogueras también ofrece unas pautas sobre cómo actuar frente al negacionismo, cuyo principal objetivo es tener visibilidad y extender su discurso incendiario, contrario a la ciencia, como una mancha de aceite. No hay que dar cancha a los negacionistas. Para ello, debe evitarse difundir su mensaje, evitando el debate público con una persona que niega abiertamente el cambio climático o que –aceptando su existencia– no admite que su origen sea antropogénico. Apenas unas semanas antes de escribir estas líneas, el popular youtuber Jordi Wild pedía ayuda en redes sociales para que le sugirieran el nombre de una persona de perfil científico para debatir en su canal con un negacionista. Fue interesante, a nivel sociológico, leer los centenares de mensajes de las personas que atendieron a su petición. El asunto generó opiniones contrapuestas. No faltaron quienes veían un error de fondo plantear ese debate (me incluyo) y quienes lo defendían argumentando que hay que escuchar a las dos partes. Ponerse a *debatir* con un terraplanista, un antivacunas o el negacionista de turno, equipara los dos discursos, el científico y el anticientífico. Prestándonos a ese juego, contribuimos a visibilizar a quienes niegan sistemáticamente los postulados científicos, lo que refuerza y, en cierta manera, legitima su mensaje.

El negacionismo climático también ha ido evolucionando (reculando diría yo) y no faltan quienes, tras aceptar a regañadientes la existencia del cambio climático antropogénico, reniegan de las medidas de mitigación. La agenda 2030 les causa sarpullido. No quieren ni oír hablar de la emergencia climática, de la descarbonización urgente, de cambiar muchos aspectos de nuestro modo de vida. Se ha ido produciendo una deriva hacia el extremismo ideológico, muy ruidoso y peligroso, con una gran capacidad de arrastre, retroalimentado por líderes políticos como Trump o Bolsonaro, que obstaculizan la acción climática global. Tenemos que encontrar las herramientas adecuadas para contrarrestar sus proclamas, eliminar el ruido. Los negacionistas juegan con una ventaja, ya que lanzar un bulo sobre el cambio climático es muy fácil y rápido, pero desmentirlo es complicado y laborioso. Han encontrado en las redes sociales su particular megáfono. Resulta muy fácil crear opinión y arrastrar *al lado oscuro* a muchas personas que, por ignorancia o militancia, no atienden a lo que va dictando la ciencia (nuestro conocimiento). Difundir noticias falsas está a la orden del día y es algo que se debe combatir desde la pedagogía y el rigor científico. Actuando así conseguiremos que haya un número cada vez mayor de ciudadanos críticos, capaces de identificar por sí mismos una información falsa o fuera de contexto, esquivando las peligrosas redes de los bulos.

Tampoco podemos olvidarnos de la desconexión que muchas personas muestran hacia el cambio climático, a pesar de ser percibido mayoritariamente como una amenaza. Es tal la avalancha de informaciones negativas en torno a él, amén del catastrofismo que impregna muchas de ellas, que se opta por meter la cabeza bajo tierra, como el avestruz. Pasar del tema. Esto debe intentar revertirse construyendo discursos atractivos, que despierten el interés de los ciudadanos, sin esconder la cruda realidad de los datos, pero exponiendo aspectos interesantes del comportamiento del clima terrestre, que los hay y muchos. También es importante transmitir un mensaje esperanzador, algo a lo que aferrarse, pues por muy oscuro que veamos el futuro en estos momentos, seguimos teniendo en nuestras manos esquivar los peores escenarios que plantean las proyecciones climáticas. Tenemos que luchar por conseguirlo, por el bien común, por el bien de la humanidad.

Para mitigar el calentamiento global y evitar los escenarios futuros peligrosos —de altas o muy altas emisiones— hay que dejar de quemar combustibles fósiles. Así de simple y así de complicado a la vez. De no hacerlo, nos resultará muy difícil adaptarnos y las consecuencias serán traumáticas tanto para las generaciones futuras de seres humanos como para el resto de especies que habitan el planeta. El reto es mayúsculo, pero no imposible. A pesar de las dificultades que acarrean las acciones que habría que llevar a cabo, hemos de poner todo nuestro empeño para ejecutarlas y hacerlo además con urgencia, ya que el tiempo juega en nuestra contra. Los costes económicos y de otra índole de algunas de ellas son enormes, pero también lo son los beneficios. Estamos hablando de acciones como apostar firmemente por las energías renovables, mejorar la eficiencia energética, desarrollar sistemas de captura y almacenamiento de carbono, entre otras muchas. Sobre el papel, ese ha de ser el camino a seguir, pero no basta con hacer inversiones económicas cada vez más grandes en esas estrategias de mitigación. Si no cambiamos profundamente nuestro actual modo de vida, nuestra sociedad de consumo voraz, claramente insostenible, si no decrecemos (decrecimiento sí, no se asuste), los avances que lograremos serán insuficientes; ineficaces a todas luces, sin que lleguemos a ver la respuesta esperada en la evolución climática. Estamos todavía muy lejos de alcanzar ese nuevo modelo de sociedad y hay serias dudas de que lleguemos a lograrlo, de ahí que se apueste cada vez más por invertir recursos en medidas de adaptación. El cambio climático es como una apisonadora y se está acelerando. Tenemos que autoprotegernos.

Pero no podemos apostar solo por la adaptación y olvidarnos de la mitigación: las estrategias tienen que caminar en las dos direcciones. Sin embargo, a la vista de la inacción climática que nos acompaña desde que hace más de cincuenta años los científicos comenzaron a advertir de las inmediatas consecuencias que tendría el calentamiento global: pobreza, hambre, desertización, migraciones (lo estamos viendo de forma cada vez más nítida).

De manera que es necesario empezar a dar prioridad a lo más urgente: hemos de evitar que el número de víctimas por los impactos del cambio climático se dispare exponencialmente. Como los países del tercer mundo son, con diferencia, los más vulnerables a esos impactos, las naciones más ricas deben inyectar mucho más dinero a las pobres. Pueden y deben hacerlo. Quienes vivimos en el mundo de la abundancia tenemos que exigírselo a nuestros gobernantes. No debemos verlo solo como un acto de justicia y generosidad, si no nos volcamos en esa ayuda, las migraciones climáticas crecerán en uno o dos órdenes de magnitud y la gran ola de Kanagawa nos arrastrará a todos.

Volvamos al título del libro: ¿cómo hemos llegado a *esto* que pudimos cambiar, pero que avanza a velocidad de crucero? La primera manifestación clara que empezó a delatar que el clima estaba cambiando fue la subida global de la temperatura, iniciada sobre todo a partir de los años 80 del siglo pasado. Los océanos, como principales amortiguadores del calentamiento adicional provocado por el aumento de la concentración del CO_2 en la atmósfera, han ido absorbiendo calor, si bien la temperatura de su parte superficial fue subiendo más despacio que la de la baja atmósfera, principalmente por la mayor capacidad calorífica del agua frente al aire. Pura física (termodinámica, para más señas). Aunque las anomalías cálidas de zonas más o menos extensas de la superficie oceánica no son algo nuevo, sí que empieza a serlo la extensión y la magnitud que están alcanzando. Los meteorólogos ya no solo hablamos de olas de calor, también lo hacemos —cada vez más— de olas de calor marinas. La presencia de aguas superficiales tan anómalamente cálidas, aparte de calentar el aire que discurre sobre ellas, aporta enormes cantidades de vapor de agua, lo que contribuye a intensificar los fenómenos meteorológicos, volviéndolos más extremos. Esto es algo que se observa cada vez con mayor frecuencia, y de lo que seguramente cualquier lector se habrá percatado sea donde sea el lugar donde resida.

La cosa no queda ahí. También empieza a ser cada vez más habitual que las sequías coincidan simultáneamente con períodos muy cálidos. La combinación de una ola de calor y una sequía, acelera todavía más la evolución de la misma, provocando lo que ya se ha bautizado como una sequía repentina (*flash drought*, en inglés), que en pocas semanas tiene efectos devastadores en los cultivos, causando graves pérdidas a la agricultura. En tres cuartas partes de las regiones del mundo se detecta una transición hacia más sequías repentinas. Si a esto sumamos una mala gestión del recurso agua, tal y como ocurre en España (Ramón sabe mucho de esto), el problema se convierte en problemón, lo que complica su gestión. Nuestra condición de país mediterráneo nos sitúa en uno de los puntos calientes (*hot spot*) del cambio climático. Sus impactos serán mayores que en otras regiones del mundo. Va a llover y nevar menos. Hay que contar con esto, obrar en consecuencia y con celeridad. La transición energética, la planificación hidrológica y del territorio, las medidas de mitigación o los planes de adaptación deben ser los adecuados; acordes a la nueva realidad climática. No podemos seguir pasivos y no mirar arriba, como pasaba en la película (*Don't look up*, 2021). Nos jugamos mucho.

Estamos viviendo un nuevo clima que evoluciona a toda velocidad. Este libro que tengo el honor de prologar llega en un momento oportuno, ya que el año pasado (2023) marcó un punto de inflexión en la evolución climática. El calentamiento global subió un nuevo escalón, pero mayor del esperado, fuera del rango de predecibilidad de los modelos usados para elaborar las proyecciones climáticas. Esto ha desconcertado a los especialistas, que se afanan por llegar a entender qué es lo que ha podido pasar. A esto hay que sumar la primera simulación climática que pronostica el colapso de la AMOC y el previsible enfriamiento en Europa en algún momento a lo largo del presente siglo (concretamente entre 2025 y 2095). Ramón escribe sobre ello en el capítulo 8, por lo que no le desvelo qué significa esa sigla, en el caso de que no lo sepa el lector. La noticia saltó a los medios el pasado mes de febrero, a raíz de la publicación de un artículo científico, y ha tenido una gran repercusión. Ambos hechos introducen más incertidumbre a la compleja ecuación de la evolución climática.

No puedo pasar de soslayo por lo que ocurrió en 2023. Fue el año más cálido de toda la época instrumental (iniciada en 1850) a escala global, superando a 2016 que ocupaba hasta el momento el primer puesto. Aquel año, un intenso episodio de El Niño fue el principal responsable del hito que alcanzó la temperatura planetaria. Es sabido que los años en los que hay uno de esos eventos, terminan siendo cálidos, debido a la gran extensión de la superficie del océano Pacífico intertropical que se calienta, lo que transfiere mucho calor a la atmósfera. Como el año pasado se inició otro El Niño también fuerte y esto ya empezó a anticiparse a finales de 2022, la previsión apuntaba a que 2023 sería un año muy cálido, que posiblemente podría alcanzar o superar a 2016. Finalmente, ocurrió esto último, pero se pasó de frenada por algo más de dos décimas de grado (0,2 °C). Esto dicho así puede parecer poco, pero a escala global implica una enorme cantidad de calor extra en el medio atmosférico. Lo más inquietante de todo es que no se conoce la causa primera que ha provocado ese sobrecalentamiento.

Se han analizado los distintos factores que contribuyeron a disparar la temperatura, y parece que algo ha escapado a los modelos climáticos. La persistencia, desde la primavera de 2023, de intensas y duraderas olas de calor marinas en distintas regiones oceánicas —como el Atlántico Norte—; el nuevo pico alcanzado por las emisiones de gases de efecto invernadero de origen antrópico; la entrada en escena del citado evento de El Niño, el pasado verano; la menor cubierta de hielo polar, con un mínimo muy significativo en la extensión de la banquisa antártica; la posible influencia del vapor de agua que, en grandes cantidades, introdujo en la alta atmósfera la violenta erupción del volcán Hunga Tonga, en enero de 2022; o la reducción drástica de las emisiones de dióxido de azufre procedentes de los buques mercantes (el efecto parasol de los aerosoles se reduce), tras la normativa internacional aprobada en 2020, han sido motivo de estudio. Se han ido cuantificando sus distintas contribuciones a la subida de temperatura, pero sumando todas ellas no se obtiene el valor observado. Nos quedamos cortos.

Algo nuevo podría estar pasando en el sistema climático. No faltan los científicos que señalan que ese salto inesperado (no previsto) en la temperatura podría ser la respuesta a un forzamiento de tal magnitud, que nos estaría empezando a llevar por territorios desconocidos, habiéndose alcanzado ya alguno de los puntos de no retorno (*tipping points*), postulados desde hace años. La no linealidad en el comportamiento climático sería la razón por la que superados determinados umbrales se podrían producir procesos irreversibles en el sistema, sin que hubiera ya una vuelta atrás. Ante un asunto tan complejo como este, es difícil pronunciarse de forma categórica, aunque el simple hecho de que empiecen a barajarse este tipo de escenarios, no puede quedar reducido a una posibilidad (cuantificada en términos probabilísticos), o a algo meramente especulativo, sino a una circunstancia que puede ocurrir, lo que tendría importantes consecuencias en nuestra sociedad.

Si bien todas las proyecciones climáticas apuntan a un mundo cada vez más cálido y de un clima más extremo, nada impide, a priori, que en el sistema climático emerjan procesos no previstos por los modelos, que conduzcan al clima terrestre por nuevas sendas no planteadas aún por las simulaciones. Todo ello se está estudiando a fondo, con la vista puesta en algunas regiones terrestres donde se piensa que podrían desencadenarse esos procesos, que, tal y como he señalado, podrían llegar a ser irreversibles. Hemos de asumir que nuestro conocimiento del clima terrestre es y siempre será limitado, y que todo lo que podemos afirmar sobre su evolución futura está basado en dicho conocimiento. La magnitud de la subida de la temperatura que tendrá lugar a lo largo del presente siglo dependerá, en gran medida, de cómo vayan evolucionando las emisiones a la atmósfera del CO_2 y del resto de gases de efecto invernadero, tanto los que generan nuestras actividades como las que se producen en el sistema climático de forma natural, que pueden aumentar significativamente en un mundo más cálido. No obstante, los climatólogos contemplan también, como hipótesis de trabajo, que puedan surgir giros inesperados en la evolución del clima.

El IPCC en su Sexto Informe de evaluación (AR6, 2021) indica que ya se han iniciado algunos procesos irreversibles. El citado informe señala algunos puntos críticos en los que se están observando cambios de tal magnitud que, previsiblemente, tendrán consecuencias con el paso del tiempo. La ralentización de la corriente del Golfo, como consecuencia del ya señalado colapso de la AMOC, la fusión acelerada del permafrost o la pérdida de bosques tropicales, en particular en la Amazonia, están en el punto de mira.

Incertidumbres y más incertidumbres, una evolución climática que no somos capaces de simular con los modelos... Nuestro conocimiento científico sobre estos temas parece estar aún en pañales. ¿Podemos confiar en la ciencia? ¿Fiarnos de las proyecciones climáticas? ¿Cambiar nuestros hábitos de vida (consumo, transporte, energía...) en base a lo que dice el IPCC? Sí. Tres veces Sí. No dude en su respuesta. Alejarse de la ciencia, desconfiar de ella, es irse «al lado oscuro». Solo actuando desde la racionalidad y el sentido común, podremos afrontar el reto climático, a pesar de las dificultades. También es bueno dar un paso al frente y elevar la voz, como hace Ramón en *Hubo un momento en que pudimos cambiar esto*. La implicación de todos los que tenemos algo que decir sobre el cambio climático es cada vez más necesaria. Urgente. A estas alturas de la película no podemos seguir siendo pasivos. Hay que pasar a la acción. El autor cita, entre otros, a Fernando Valladares, Joaquín Araujo o Antonio Turiel, como ejemplo de divulgadores y activistas, con un alto nivel de compromiso. Los tres son referentes, buenos amigos y un espejo en el que mirarse. Con su implicación, sus mensajes y denuncias se amplifican y terminan calando en un sector amplio de la sociedad. Ellos y algunos otros, han puesto en circulación el «término maldito» del decrecimiento. Hablan claro y en voz alta, igual que Ramón, aunque nosotros dos estamos, de momento, en segunda línea, sin una exposición pública tan alta, sin tanto desgaste personal, pero también comprometidos y aportando nuestro granito de arena. Con este panfleto, Ramón me adelanta por la izquierda (por la derecha si estuviéramos en Inglaterra, por si leyó entre líneas). Me gusta su franqueza cuando afirma que no es un activista. A veces vuela en avión, compra por internet y su vida discurre como la de un ciudadano occidental más, sabedor de que su modo de vida es insostenible. Me siento muy identificado con él. Podríamos hacer mucho más de lo que hacemos, a pesar de que tenemos conciencia medioambiental. Comparto también sus acertadas reflexiones sobre la búsqueda de la felicidad, desligada del consumismo.

Volviendo al libro y para dar paso ya al autor, que tiene muchas cosas que contarle al lector ¡y que echarle en cara!, quédese con una última idea: la ciencia y la educación son los dos pilares fundamentales en los que debemos apoyarnos para afrontar el cambio climático. Ya está aquí y cada vez influirá más en su vida. Infórmese sobre el tema, busque en fuentes fiables y no caiga en las redes de los negacionistas. Se les ve venir. Se conocen bien sus estrategias y sus intereses. En las antípodas se sitúan personas de fiar, como Ramón J. Soria, cuyo principal interés es llamar la atención sobre las consecuencias terribles a las que nos puede llevar la pasividad ¡Bienvenido sea este panfleto para despertar del letargo!

José Miguel Viñas
Abril de 2024

Para Celia Martín, guía del desfiladero.

Dedico también este panfleto a Nico, Darío, Lola, José, Marco, María, Claudia, Marina, Ángel y Clara. También a Guillermo y a Iker, aunque ya son adultos. Estos años los he visto crecer, aprender a pensar y a tener opiniones sensatas sobre la mayoría de las cosas importantes que afectan a este pequeño planeta en el que vivimos. Tengo la certeza de que ellas y ellos tienen la imaginación, la valentía y la voluntad decidida de parar las causas del calentamiento global.

«Un punto azul pálido» (2020).

«Mira ese punto. Eso es aquí. Eso es nuestro hogar. Eso somos nosotros. En él vivieron sus vidas todos los que amas, todos los que conoces, todos de los que alguna vez escuchaste, todos los seres humanos. La suma de todas nuestras alegrías y sufrimientos, miles de religiones seguras de sí mismas, ideologías y doctrinas económicas, cada cazador y recolector, cada héroe y cobarde, cada creador y destructor de civilizaciones, cada rey y campesino, cada joven pareja enamorada, cada madre y padre, niño esperanzado, inventor y explorador, cada maestro de la moral, cada político corrupto, cada "superestrella", cada "líder supremo", cada santo y pecador en la historia de nuestra especie, vivieron ahí, en una mota de polvo suspendida en un rayo de sol.»

CARL SAGAN

«Nosotros, los habitantes de la Tierra, tenemos un talento especial para arruinar las cosas grandes y hermosas.»

RAY BRADBURY

«Nos urge utilizar la ciencia para civilizar la civilización.»

JACQUES I. COUSTEAU

«Brutal and Extended Cold Blast could shatter ALL RECORDS: Whatever happened to Global Warming?»

[«Una explosión brutal y prolongada de frío podría romper TODOS LOS RÉCORDS: ¿Qué pasó con el calentamiento global?»]

DONALD J. TRUMP

ADVERTENCIA

Con este panfleto no quería escribir un monólogo al uso. Me gustó siempre ese truco socrático que inventaron en el siglo IV a. C. unos señores que se atrevieron a pensar a lo grande. Y dicen que quien primero utilizó esta forma de exponer un problema filosófico no fue el mítico sabio sino un discípulo directo de Sócrates llamado Simón de Atenas, conocido sobre todo por el nombre de su oficio: «el zapatero».

Simón el Zapatero tomó muchas veces notas de lo que decía de viva voz su maestro, y cuentan que Pericles, gobernante en aquel tiempo de Atenas, le prometió una manutención para que pudiera dejar su trabajo y dedicarse solo a pensar. Pero Simón se negó a aceptarla para sentirse libre y no depender de ningún poder.

De alguna forma yo también soy aquí zapatero y he cosido estas páginas por ahí, caminando, unas veces por el campo y el río, otras a orillas del Mediterráneo o del océano Atlántico. También en alguna ciudad y algún pequeño pueblo, siempre conversando con otra persona cuyo nombre luego saldrá.

La razón de esta *advertencia* es que tengo que confesar que cuando llegue a tus manos este libro ya estará anticuado, tal vez hasta muy anticuado. Mientras lo estaba escribiendo, cualquier dato, cualquier afirmación, quedaba obsoleta al día siguiente. Las consecuencias del calentamiento global son día tras día peores, a pesar de la humana lentitud de los cambios. Por eso quería que este escrito tuviera el estilo y la forma de un mensaje dentro de una botella de vidrio que lanzas al mar. No sabemos cuándo volverá a alguna playa o quién lo leerá.

Hace 10.000 años, en algunas partes del mundo, dejamos de ser nómadas y comenzamos a ser agricultores. Muchas ciudades y civilizaciones surgieron y luego desaparecieron. Algunas nos dejaron un rastro de ruinas, tumbas e indicios. De otras no quedó nada. La nuestra no será una excepción. Pensar que nosotros nos libraremos y saldremos a colonizar otros planetas, tras haber convertido esta «canica azul» en un lugar inhabitable, es algo ridículo, arrogante y pueril.

Es cierto que el clima ha cambiado a lo largo de la historia de la Tierra muchas veces pero esta es la primera vez que un gran cambio climático global y rapidísimo se está produciendo por nuestro comportamiento como civilización. La *verdad incómoda* es cada día más incómoda. Como los peores pronósticos fechan el desastre dentro de cincuenta u ochenta años tenemos la impresión de que no pasa nada, o que, si de verdad pasa algo, no parece tan grave como se dice; pero es muy posible que esta hipótesis temporal sea muy optimista e, incluso, precavida y conservadora.

Si eres tú quien ha encontrado este libro, esta botella en tu mar, recuerda que solo soy un «zapatero», como aquel Simón, un ciudadano que ha escrito algunas notas basadas en lo que he oído y leído que explicaban los sabios sobre unos tiempos, cronológicos y meteorológicos, que fueron mi tiempo futuro y que ya son tu tiempo presente.

En agosto de 2018, frente al edificio
del parlamento sueco, Greta Thunberg
inició una «Huelga escolar por el clima».

1

LO QUE LES DEJAMOS

Estamos junto al mar. En silencio. Sonríes cuando te digo que así, sentado en la arena, mirando a lo lejos, estoy escribiendo un libro. No es un cuento, ni una novela, ni un ensayo. Es un sencillo panfleto, ni siquiera un manifiesto. Un libro que escribo ahora, el día en el que el mar ha alcanzado la temperatura máxima desde que se tienen registros, aunque cuando se publiquen todas estas palabras, como ya te he dicho antes, es seguro que esa temperatura media será mucho más alta.

Un panfleto, tal vez un manifiesto, que va desnudo de todos los estudios, datos, informes que se han ido publicando estas últimas décadas. Tú sabes que esos datos al principio eran pocos, muy parciales, muy especializados, ese tipo de palabras, de jerga, que solo entienden y leen unos pocos científicos.

Hoy todos los medios de comunicación, las redes sociales, cada persona de este planeta sabe lo que implican esas dos palabras, por fin sencillas: Cambio Climático. Calentamiento Global. Que el mundo será peor, más turbulento, seco, cálido, tormentoso, huracanado, tórrido, desértico, incluso más frío, helador, sobre todo invivible, porque el progreso, la tecnología y la industria que están detrás o delante de esas dos palabras han emitido demasiado CO_2.

El asunto no es tan sencillo. Nada es sencillo en el clima, nada es fácil en nuestro planeta Tierra. Quisiéramos siempre una explicación lineal, un argumentario facilón de causa y efecto. Una solución clara. Si dejamos de hacer *esto*, si paramos de fabricar lo *otro*, si no consumimos *algo*, la lenta catástrofe planetaria se parará. Resoplido de alivio. ¡Sigamos a lo nuestro!

Pero tú sabes que no es así. Tu generación lo sabe desde que erais niños. Hubo un momento en que pudimos decir basta. Hubo un momento en que pudimos cambiar esto. Nosotros. No vosotros. Y todavía nosotros porque vosotros todavía, mientras conversamos, no manejáis los resortes del poder, aunque votéis, consumáis, gastéis, derrochéis y, también, queméis petróleo, sabiéndolo y sin saberlo.

Te pusimos Guillermo. No por algún tío abuelo, hermano o antepasado familiar. Naciste el año del milenio. Una fecha rotunda. El año en el que, cuando yo era niño, se decía que iba a comenzar el futuro. Eres Guillermo por Guillermo Tell, Guillermo

Brown y Guillermo de Baskerville. Todo muy literario. Nos gustaban las historias de aquel ballestero
suizo, del niño travieso, algo bruto y perplejo, y del
fraile detective que inventó Umberto Eco. Algo tienes de todos ellos aunque sea un azar. Tu precisión
con las flechas, tu inconformismo ante lo que parece
obvio, tu optimismo aunque hayas entendido a la
primera aquella metáfora del Ángel de la historia
que pintó Klee y que afiló con palabras Benjamin.

Aunque al comienzo del milenio ya se conocía
el *peligro*, el progreso nos deslumbraba a todos. El
año 2000 fue un punto de inflexión crítico; una fecha en la que las consecuencias del cambio climático comenzaron a ser más precisas; en la que ya se
podía empezar a hablar del perdedores climáticos.
Había, en los lugares de siempre, parecidas hambrunas, guerras, desastres, arrogancias y mentiras que
una década antes…, pero vivíamos mejor, al menos
aquí. Un tiempo mucho mejor, más cómodo y seguro estaba ahí delante. El mundo de arriba, del norte,
las sociedades desarrolladas de las que éramos ciudadanos sentían que la vida cotidiana ya era y sería,
por fin, mucho mejor que la de sus inmediatos antepasados. Es verdad, tengo que recordártelo, que mi
generación ya había vivido la crisis de 1973, la del
1992 y también viviríamos luego la del 2001, pero
eran molestias superables que en nada se parecían a
las posguerras y las guerras mundiales que sufrieron
nuestros padres y madres, abuelos y abuelas.

Teníamos trabajos bien pagados, entraban dos sueldos en casa, vendimos nuestro primer piso para firmar una hipoteca y comprar un chalet adosado, luego una segunda residencia en el campo, un utilitario y un coche familiar, vacaciones lejos o cerca en buenos hoteles. Hacíamos todo aquello en lo que nos habían educado y que decían que permitía tocar esa palabra mágica llamada «bienestar». No me atrevería a escribir «felicidad» pero lo pensábamos, aunque no fuéramos exactamente felices. Y tuvimos dos hijos. Dicen que el mayor gesto de optimismo y de fe en el futuro, cuando se puede elegir, es tener hijos. Aunque la gente ha decidido tenerlos en medio de guerras atroces, apocalipsis diversos, desastres tremendos. Sí, es cierto, repito, toda esta vida que teníamos tu madre y yo en el año 2000 apenas la vivían y la habían conseguido unos pocos millones de personas. El resto, miles de millones, apenas seguía sobreviviendo en la precariedad, la pobreza y la escasez, con guerras de por medio, sequías por delante e intentos de huida hacia algún lugar mejor al que pocas veces llegaban. Lo sabíamos, lo veíamos en los telediarios y lo leíamos en la prensa. Muchas veces nos indignábamos y nos manifestábamos con cívica educación por las calles, pero tampoco hacíamos o podíamos hacer casi nada por cambiar aquellos lejanos desastres que sufría una parte de la humanidad que no éramos nosotros. Llámalo egoísmo o cinismo. Llámalo como quieras.

***

Has vuelto del mar. Nadaste un buen rato. Luego te has sentado a mi lado. Dices que el agua no está tan caliente como han dicho hoy los científicos. Nuestro amigo Andrés, que es físico y trabaja en la Agencia Estatal de Meteorología (AEMET), nos ha contado que el servicio de observación del clima de la Unión Europea, que se llama Copernicus, registró ayer la mayor temperatura histórica de la superficie de los océanos: 20,96 grados centígrados, me encanta esa precisión de centésimas. Un dato, según él, que da miedo (y cuando se publique este panfleto esa temperatura ya se habrá superado), aunque ese miedo solo lo sufran él y unos pocos científicos más. El resto seguimos metidos en nuestras rutinas. Tú y yo, en concreto, sentados en una playa el día de febrero en el que cumples años. Además ese miedo de los científicos no se substancia en la descripción minuciosa de ningún apocalipsis.

¿Lloverá más?, *¿lloverá menos?*, *¿menos o más que cuándo?*, *¿dónde más y dónde menos?* Andrés siempre es prudente. Nos gustaría que echase a sus datos un poco de fantasía, de literatura, de ambientación digital cinematográfica, de eso que llaman prospectiva. Seguimos metidos en las viejas lógicas de la causa y el efecto. Esperamos, quizá con algo de morbo, que describa un futuro desértico, una película como *Mad Max* o tantas otras en las que se describe

un colapso de la civilización, enormes mortandades humanas y unos pocos sobrevivientes que vuelven a la edad de las cavernas pero con coches viejos, harapos ciberpunk y ballestas como las de Guillermo Tell fabricadas con chatarra reciclada. Mi amigo climatólogo dice muchas veces eso de *no sabemos con exactitud lo que pasará* y eso nos fastidia la trama. Si le pinchamos mucho, si le obligamos a que nos describa, olvidando las limitaciones de la ciencia y de los datos conocidos, cómo cambiará la vida en nuestro país, afirmará que dentro de poco tiempo, una o dos décadas, en España tendremos que poner el aire acondicionado muchos meses al año, beberemos agua de desaladoras porque la mayoría de nuestros ríos serán cauces secos y, por lo tanto, muchos de los alimentos que comeremos se cultivarán más al norte o más lejos y nos saldrán más caros. También puede que suframos lluvias torrenciales y tormentas como las del Caribe en fechas poco acostumbradas o quizá no. Andrés es parco en proyecciones fantásticas. No vale para guionista de Hollywood. A nosotros nos parece ese futuro poco más que un fastidio. ¿Nada de colapsos civilizatorios? Sí, gastaremos más en la factura de la luz, el agua y la comida, pero la tecnología ya irá apañando soluciones imaginativas a todas esas pequeñas molestias.

Como ve nuestra desilusión, o la mía, porque a Guillermo no le parece tan poca cosa, apunta que es posible que se pare o cambie sustancialmente algo que se llama la «circulación termohalina» y «la corriente de chorro», que muera una parte importante de la vida de los mares, que se derritan los polos y el permafrost helado de Siberia… También dice que estos cambios desencadenarán consecuencias muy diferentes: nosotros, los habitantes privilegiados de los países desarrollados experimentaremos una serie de molestias climáticas que, sin embargo, más al sur, en esos otros lugares en los que el agua y la comida faltará, se traducirán en millones de muertos. Ese futuro. Ese pasado mañana. Eso dejamos a nuestros hijos. Eso me molesta o me duele en una parte, que no sé precisar, de mi conciencia de ciudadano y de padre.

***

Guillermo tiene un trabajo precario en el impreciso sector llamado de las nuevas tecnologías, estudió su último año de formación metido en la burbuja *online* porque hubo una peste mundial. Y esta precariedad va creciendo. la Inteligencia Artificial va a provocar, ya está provocando, que muchos millones de personas se queden sin empleo, las redes sociales son las responsables de miles de suicidios de *millennials* como él; seguramente, no se podrá comprar una casa como hicimos nosotros y utiliza el viejo utilitario familiar cuando no tiene otro remetido. No viaja demasiado, tampoco derrocha como nosotros.

Nunca pidió un préstamo, no se gasta dinero en ropa de marca y no es tanto porque su sueldo sea escaso como porque no le gusta, siente que no la necesita, no le hace dichoso o feliz o alegre tener unas zapatillas o una sudadera o un teléfono con el logotipo X. Aunque vive en una gran ciudad no le deslumbra ese hábitat y su sueño es tener una vida más sencilla en un pueblo pequeño. Nosotros le fuimos empujando a que aceptara la vida urbanita, pero la realidad, el presente y sus propias decisiones le van llevando ahora, ante nuestra perplejidad, a otro tipo de vida; un modo de vida en el que él se adentraría de forma aún más acelerada y drástica si pudiera. No sé si temo que lo haga, o si me alegro de que lo haga. Claro que Guillermo no es representativo de todos los *millennials*. Mi oficio de sociólogo me ofrece datos que muestran todo lo contrario; y, sin embargo, mis labores también me permiten escuchar una breve frase que dicen muchos de sus hermanos y hermanas de generación, y que sintetiza un malestar general: *Vaya mundo de mierda que nos habéis dejado.*

Uno se escaquea de la frase. Se quiere poner en el lugar de las víctimas pero nuestros privilegios son demasiado obvios. Luego analiza de quién es la responsabilidad. Durante todas estas décadas de... sí, llamemos a esto «progreso», vendimos con eficacia y eficiencia ese sueño que se concretaba en diversas aspiraciones: *una buena casa y un coche; un trabajo con un sueldo que diera para comer, consumir, gastar, viajar y ahorrar; un Estado que con nuestros impuestos organizara un buen sistema sanitario y educativo, y proporcionara modernas infraestructuras y lugares de ocio, seguridad personal, limpieza, alcantarillado, agua potable y pax social, además de libertades para opinar, tomar cañas y elecciones para votar a un partido político en un sistema razonablemente democrático...* Incluso sin este último pequeño detalle del *sistema democrático*, el sueño ha prendido a escala mundial. ¿No tienen derecho los más de ocho mil millones de personas que habitan la Tierra a querer esto o una parte de esto para ellos y para sus hijos? ¿Podemos impedir esta aspiración generalizada de alcanzar el modo de vida occidental desarrollado aunque sabemos que para que este sueño se hiciera realidad necesitaríamos los recursos de dos o tres o diez planetas como la Tierra?

Guillermo sonríe y repite la frase: *Vaya mundo de mierda que nos habéis dejado.*

Un mundo de mierda, sí; y lo más complejo de la situación es que cualquier intento de solución pasa por una acción global, de lo contrario será inútil. No sirve que unos pocos millones de europeos arrogantes, satisfechos, quizá sensibles y ricos, cambiemos un poco, tampoco demasiado, nuestro modo de vida. El cambio no es tan sencillo como sustituir el entrecot por la ensalada de endivias, el todoterreno de gasolina por otro eléctrico o viajar en avión solo dos veces a lo largo de tu vida en lugar de nueve al año al Caribe, Nueva Zelanda, París o las playas de Benidorm.

El cambio debería ser radical y debería realizarse a escala global, tanto en Europa como en China, Estados Unidos, India y en el resto de países del planeta.

***

Sí, este es un panfleto, un manifiesto, un libro más.

He leído muchos libros sobre el cambio climático durante todo este año. He estudiado muchos informes sobre el calentamiento global y sus consecuencias ambientales y sociales. Unos más o menos *colapsistas*, otros más o menos *posibilistas*. *Apocalípticos o Integrados* que diría Umberto por boca Guillermo de Baskerville. Se han publicado y se siguen publicando miles de libros, artículos, informes, memorándums y manifiestos analizando y explicando por qué nuestro sistema de progreso y desarrollo es el responsable de esto que se nos viene encima, por qué debemos de dejar de quemar combustibles fósiles, por qué si no cambiamos este tinglado la vida salvaje en el planeta Tierra será imposible para muchas especies animales y vegetales; y bastante complicada también para unos cuantos miles de millones de personas, para la mayoría.

Las mentes más brillantes de mi generación investigan este desastre, sus posibles salidas o soluciones. Aunque también hay miles de artículos, libros e informes *negacionistas* que consideran absurdas estas advertencias o defienden que siempre hubo cambios en el clima del planeta, que antes ya hubo cinco extinciones que borraron casi las tres cuartas partes de las especies, que el CO_2 es estupendo para la vida y que, al fin y al cabo, aunque quisiéramos, es imposible siquiera pensar en un sistema económico diferente o alternativo a este «realismo capitalista» porque cualquier otra alternativa sería aún más desastrosa y, además, no va con nuestra naturaleza y, en suma, nadie quiere volver a la Edad Media o a la vida en las cavernas. Intuyo que ese discurso negacionista ya no se lo cree casi nadie, ni siquiera los señores que defienden las diversas soluciones de avestruz que proponen; pero ahí sigue el negacionismo, contaminando y confundiendo la Babel en la que vivimos.

¿Deberíamos parar todo ya? ¿Decrecer? ¿Pensar una nueva forma de organización económica, política y social que no derroche de forma egoísta unos recursos naturales que ya no tenemos? ¿Deberíamos cambiar algunas cosas? ¿Seguir desarrollándonos de forma sostenible? ¿Refundar el capitalismo? ¿Cambiar nuestra forma de gobernarnos y lograr que los sectores productivos no sean contaminantes, que reciclen y reutilicen, que no consuman combustibles fósiles? ¿Orientar de otra forma el progreso y la tecnología que nos ha llevado a unos niveles de bienestar que jamás alcanzó la humanidad en otros momentos de nuestra historia?

Apocalípticos e integrados. Dicen y no hacen. Decimos y no hacemos. Nadie cambia su vida. Nadie deja de derrochar y gastar, de poner la calefacción de gas, echar gasolina, de comprar otro forro polar, otro coche, otro modelo o versión, otras vacaciones, otra bandeja con filetes empanados, otros *gadgets* para ver series o hacer nuestra propia serie personal en las redes sociales.

***

Guillermo sí quiere bajarse de este tren. Unos millones de *millennials* dicen o piensan por todas partes, de norte a sur: *Vaya mundo de mierda que nos habéis dejado.* Greta Tintin Eleonora Ernman Thunberg es la que sale en los medios de comunicación estos años de Futuro Ayer (porque nuestro futuro, ya lo dilapidamos ayer); la que recibe la basura y los insultos de los negacionistas. Pero detrás de ella hay millones de jóvenes perplejos, aterrados, indignados, casi siempre silenciosos. Pocos quieren cambiar su vida. Y ahora muchos de ellos quieren pero no les dejamos. Y a mí me duele.

Durante todo el viaje de vuelta, esta vez en tren, pero podría haber sido en mi coche de motor de explosión, seguimos hablando de los argumentos de este libro. Al día siguiente vamos al pequeño huerto en el que mi abuelo plantó naranjos, mandarinos y un limonero. Cuando decidió plantarlos ya era mayor, más de sesenta. Sabía que su fruto sería golosina para otros. También nos enseñó a los nietos a jugar al ajedrez y a leer el periódico. Estas mandarinas tienen un perfume y un sabor muy intenso. Mi abuelo pensaba en el futuro, quería un futuro mejor para sus nietos y para los hijos de sus nietos. Hizo algo. Plantó unos árboles en el pequeño rincón del mundo del que era responsable. ¿Y nosotros? Hemos dejado de pensar en la siguiente generación. Mi instinto de protección apenas llega a Guillermo. Nunca he pensado en la generación de después. Da pereza.

Cogemos muchas naranjas y mandarinas. Un puñado de limones. En dos días nos las hemos comido casi todas. La única clave para que los niños coman mucha fruta es que esté rica, aunque sea fea o pequeña. Voy a las fruterías del barrio y no es fácil encontrar fruta buena, madura y en su punto. Intento recordar lo que aprendí en la escuela: leer, escribir, sumar, nada más. No necesito recordar lo que aprendí de mis abuelos, porque es tanto y está tan presente. No hay nada más revolucionario y educativo que tener un abuelo y una abuela, convivir con ellos cuando somos niños. Mi abuelo también plantó bambú de la India. Cortaba y secaba con cuidado las cañas que luego nos fabricaba para ir al río a pescar. Una mata de bambú abandonada es como estar en una selva de Indochina, como la de Tintín. Oler una mandarina madura es volver a los diez años, disfrutar de la acidez y la dulzura de una, dos, seis, nueve pequeñas bolas llenas de sol, agua, azúcar y memoria. El huerto podía haberse convertido en un solar vacío, pero mi abuelo Fernando lo llenó de frutales y cuidó de ellos para nosotros. Él murió mucho antes de que naciera Guillermo y sin embargo el libro de Guillermo Tell de Friedrich von Schiller y los de Guillermo el travieso de Richmal Crompton me los regaló él, que vivió dos guerras, una dura posguerra, muchos días de futuro incierto.

Guillermo hace una foto a uno de los árboles con su móvil. Quien me advierte del valor de este panfleto es la parte de Guillermo de Baskerville que le sale a veces. El científico optimista, el lector curioso. ¡Quién sabe, papá! *Hay libros que cambiaron el mundo. No todo fue la pólvora o la dinamita, las matemáticas y el cálculo infinitesimal, la máquina de vapor y los malditos cohetes de Von Braum.* Eso dice también mi editor. Le confieso mis dudas. Él sabe que yo soy de natural funebrista, descreído, desde esa arrogancia pesimista que se puede tener cuando eres y has sido un privilegiado.

Él replica entonces que la historia de la literatura está llena de grandes pequeños panfletos que cambiaron la forma de pensar de millones personas en el mundo entero, y luego, también, la forma de vivir, las leyes, la enorme realidad. Porque un panfleto es la *Primavera silenciosa* que escribió Rachel Carson, harta de que no le hicieran caso con sus rigurosos artículos científicos, o el *Walden* de Henry D. Thoreau, que sigue hoy tan fresco. Y panfleto eran *Los derechos del hombre* de Thomas Paine y el fantasma de *El manifiesto comunista* o el *Yo acuso* de Zola, la *Carta desde la cárcel de Birmingham* de Martin Luther King, la *Voz de los sin voz* que circuló por la plaza de Tiananmén, la *Vindicación de los derechos de la mujer* de Mary Wollstonecraft o el *Indignaos* de Stéphane Hessel, tan citado por mí tantas veces, que se enfrentó a la última gran crisis del capitalismo occidental.

El panfleto tiene un estilo directo, fácil de comprender y además se puede leer de un tirón en poco tiempo. Lo que diga y el cómo lo diga nos debe aludir, interpelar, escandalizar, también indignar e implicar. *Eso es lo único que tienes que hacer*. Me dice. Qué fácil. Qué ambicioso. O que arrogante.

Me quedo en silencio. Ahora caminamos por las calles de la ciudad rumbo a una librería. Aludir, interpelar, implicar, indignar o escandalizar..., ya solo se escandaliza el algoritmo de Facebook o de Instagram cuando pones la imagen de un pecho femenino, aunque sea de un cuadro de Velázquez. Muchos de los panfletos que me ha mencionado Guillermo, aunque seguro que están en las estanterías de la librería a la que vamos, ya no movilizan a nadie. Ni aunque se descubriera en una vieja biblioteca aquel libro de Aristóteles que escondía el fraile ciego en el laberinto del abadía benedictina del siglo XIV en *El nombre de la rosa*. Los expertos filólogos defienden que el segundo libro de la *Poética* desapareció porque no interesaba a nadie, no porque la Iglesia lo escondiera temiendo que los cristianos, con la risa, perdieran el temor hacia su Dios. Solo se conserva el *Tractatus Coislinianus*, un manuscrito bizantino que apenas es un refrito de una copia de una interpretación de un texto del que se duda que fuera de verdad de Aristóteles.

Aun así, me dice, entre los panfletos que antes he enumerado, debería colocar también la *Ética a Nicómaco*, libro en el que se explica y argumenta que el fin supremo del hombre es la *eudaimonía*, la felicidad. Con ese argumento de Aristóteles, me dice Guillermo, nos siguen vendiendo coches, jerséis de cuello alto, comida precocinada y todo tipo de mierdas, sí mierdas.

Pienso ahora que debería haber puesto otro nombre a mi hijo. Ismael, por ejemplo, como aquel arponero de *Moby Dick*.

2

RUINAS SOBRE RUINAS

La guerra, esta guerra, cuando se publique este panfleto, o quizá unos años después, cuando caiga en las manos de un lector que rebusque en una librería de segunda mano, la guerra de ese presente ya no será la invasión rusa de Ucrania, ni aludirá al genocidio que está perpetrando el Gobierno de Israel contra los palestinos de la franja de Gaza, sino a cualquier otra.

En estos tiempos obviamos esa futura guerra que vendrá, por poco probable, aunque no imposible. Nos olvidamos de aquel miedo preciso y rutinario de la Guerra Fría que enseñaba a los escolares a esconderse bajo la mesa o correr al refugio subterráneo. Luego la historia ha ido desenterrando algunos instantes decisivos en los que todo no voló por los aires gracias a un azar o al decisivo «no» de una sola persona: Stanislav Yevgráfovich Petrov,

Vasili Alexandrovich Arkhipov. Nadie sabe qué hicieron. Busca sus nombres en la Wikipedia. Cuatro mil ojivas nucleares rusas y seis mil norteamericanas siguen dispuestas, al acecho, mantenidas y armadas. Los estrategas juegan de cuando en cuando con las simulaciones de esa «destrucción mutua asegurada» y los cineastas repiten sus películas de apocalipsis, inviernos nucleares, humanos zombis o doctores Strangeloves. Diez mil ojivas, sin contar las de los otros países igual de arrogantes: China, Francia, Reino Unido, India, Israel y..., quién sabe. Ni pensar en las otras armas químicas o biológicas imaginadas y diseñadas, igualmente, para matar en masa. ¿A cuento de qué se mantiene esta amenaza suicida? Tal vez quedaría África, América del sur o Australia para la supervivencia de la especie, del *Homo sapiens sapiens*, no de la civilización.

Ya ves, nos puede la costumbre de obviar los problemas, aun sabiendo que lo posible y lo cierto es una lenta catástrofe climática y que la posibilidad para evitarla no es el célebre botón rojo (aunque ciertos climatólogos desnortados plantean que una guerra nuclear es un terrible pero positivo botón de *reset* para el clima planetario ya que provocaría un «invierno nuclear»; a costa de miles de millones de muertos, claro). Nos puede la costumbre de olvidarnos de esas diez mil ojivas que ciencia y técnica, que política y responsabilidad ciudadana, que ideologías y derecho, han ido armando y acumulando. Y nos

puede la locura de imaginar que podemos escapar-
nos a otro mundo en un cohete y fabricar allí, lejos,
otro barrio de adosados, libertad y paz, en un planeta
nuevo que llamaremos, quizá, *«borrón y cuenta nueva»*. No es mal nombre para un planeta estragado,
árido e inhabitable como Marte, adonde quieren
huir algunos superricos, ese 1% de la humanidad
que generan tanto CO_2 como 5.000 millones de habitantes. Perdón por este dato demagógico que no
volverá a repetirse. O sí.

Yo me quedo con este «punto azul pálido», como
lo definió Carl Sagan. El lema de «borrón y cuenta nueva» o el Marte al que quiere emigrar un tipo
llamado Elon Musk no creo que nos sirva: Marte
no tiene atmósfera, ni agua, ni primavera. También
hay una Tierra antes y después de Sagan. Como hay
un planeta Tierra antes y después de Jacques Cousteau, de David Attenborough y (soy un ciudadano
de un país llamado España), de Félix Rodríguez de
la Fuente. Le digo a mi hijo que ellos, los *millennials*,
para entender cómo funcionan los ecosistemas, tienen acceso a un volumen de información de calidad
que nosotros ni soñábamos a su edad.

Cuando nosotros éramos niños no existía internet y la oferta de canales de televisión era limitada;
pero a alguno de esos canales se asomaron Jacques,
Carl, Félix y Richard, y cambiaron nuestra forma de
mirar los mares y océanos, la vida salvaje lejana o
cercana, las estrellas, las galaxias y el dichoso pe-

queño punto azul pálido, lleno de vida, que pisamos. Por eso se me hace tan difícil entender y explicar por qué no parece importarnos casi nada su lenta o acelerada destrucción.

Ahora existen miles de documentales que explican con una precisión científica apabullante y una poética narrativa adictiva lo que Attenborough, Sagan, Cousteau y Félix mostraron hace décadas. Para escribir estas páginas he vuelto a ver aquellos viejos documentales junto a Guillermo. Y puedo afirmar que no hay panfleto ni manifiesto mejor que sus palabras y sus imágenes.

Walter Benjamin hablaba del «inconsciente óptico» en un pequeño ensayo que escribió en 1931. Allí explica que la cámara registra percepciones que escapan a nuestra mirada y nuestra atención, algo que el ojo humano no capta con facilidad, la cámara lo atrapa y lo hace visible, desvela y luego muestra una realidad desconocida. Eso hicieron ellos, mostrarnos la realidad de la naturaleza desde otro lugar. Pero de entre todas esas imágenes y miles de horas de película hay dos fotografías que nos cambiaron de forma absoluta la percepción que tenemos nosotros de la Tierra. *De ellas quiero hablarte*. Le digo.

Una es «la canica azul», realizada el 7 de diciembre de 1972 a una distancia de 29.000 kilómetros desde la nave Apolo 17. Otra es el «punto azul pálido», una imagen captada en remoto por la sonda espacial Voyager 1 desde una distancia de seis mil millones de kilómetros (6.000.000.000 km) el 14 de febrero de 1990. Ambas fotografías nos ayudaron a entender que el planeta Tierra era excepcional, frágil y el único hogar que tenemos, un planeta en el que hay algo precioso que nosotros llamamos «agua» y que se ve azul desde la lejanía del espacio.

Agua, sin esa palabra no habría nada.

El ciclo del agua, propiciado por la distancia que hay entre la Tierra y nuestro sol, permite que el agua líquida de una cascada llegue al mar, se convierta en vapor, en nube, y vuelva a precipitarse en las montañas en forma de nieve o lluvia. Contemplar este ciclo nos ha maravillado desde siempre, todas las civilizaciones han venerado el agua dulce que baja por los arroyos y las torrenteras hasta formar gargantas y ríos más grandes, todas las culturas establecieron normas y leyes para proteger este agua purísima de cualquier contaminación, estorbo o problema. Hoy estas aguas pasan luego, más abajo, por sofisticados sistemas de depuración hasta llegar a nuestros grifos y pagamos entre 1,5 euros y 2 euros por cada mil litros que consumimos, pero si no tenemos dinero y no podemos pagar ese recibo, como el acceso al agua es un Derecho Humano, al menos en nuestro país, nadie nos cortará el agua. Por el contrario, si pensamos que este agua de nuestro grifo no es buena o consideramos engañosamente que el agua embotellada es mejor, pagaremos por esos mismos mil litros más de mil euros y llenaremos la naturaleza con mil botellas de plástico.

¡¡Quién nos iba a decir que una forma de cuidar esta «canica azul» es beber agua del grifo y no embotellada!? ¡¡Quién nos iba a contar que este «punto azul pálido» se mantiene en órbita, y que todo este agua baja salvaje y limpia montaña abajo, gracias a una fuerza misteriosa descubierta por Isaac Newton en 1685!? ¡¡Quién nos iba a explicar que cuando estamos junto a una cascada sentiríamos una extraña alegría, tan instintiva, tan animal, tan humana!?

Antes de volver a Sagan no quiero dejar a mi querido Benjamin. Pocos textos se han escrito con más fuerza metafórica que el famoso fragmento del *Angelus Novus* que recordaba pocas páginas antes y que he leído a Guillermo alguna que otra vez:

Hay un cuadro de Paul Klee llamado *Angelus Novus*. En ese cuadro se representa a un ángel que parece a punto de alejarse de algo a lo que mira fijamente. Los ojos se le ven desorbitados, tiene la boca abierta y además las alas desplegadas. Pues este aspecto deberá tener el ángel de la historia. Él ha vuelto el rostro hacia el pasado. Donde ante nosotros aparece una cadena de datos, él ve una única catástrofe que amontona incansablemente ruina tras ruina y se las va arrojando a los pies. Bien le gustaría detenerse, despertar a los muertos y recomponer lo destrozado. Pero, soplando desde el Paraíso, una tempestad se enreda en sus alas, y es tan fuerte que el ángel no puede cerrarlas. Esta tempestad lo empuja incontenible hacia el futuro, al cual vuelve la espalda mientras el cúmulo de ruinas ante él va creciendo hasta el cielo. Lo que llamamos progreso es justamente esta tempestad[*].

Todo lo escrito por la Escuela de Frankfurt al completo en la cómoda Norteamérica no vale lo que estas seis líneas de Benjamin a las que tantas vueltas dio su amiga Hannah Arendt. Y puedo entreverse que el concepto de progreso de Benjamin es muy diferente al comúnmente aceptado; no tiene mucho que ver con el de Elon Musk y el resto de avifauna esquilmadora.

El progreso prometía siempre que *lo mejor estaba por llegar*. Europa y Estados Unidos inventan, descubren y conquistan, explotan, esclavizan y hacen crecer las ciencias con la idea de que el progreso mejorará la vida cotidiana de sus ciudadanos. Al menos la de aquellos que puedan pagar por ese progreso. La idea de progreso era y es una maravilla. Pero hoy nos surge la duda y sospechamos que ese deseado progreso puede ser también una amenaza. Por eso los novelistas ya no inventan y escriben utopías felices sino distopías de pesadilla. También escriben extrañas retrotopías, añorando un pasado idealizado y también falso. Hoy suenan a mal chiste aquellas

---

[*] Walter Benjamin (*ca.* 1939): «Sobre el concepto de historia», en *Obras*, I, 2, Abada Ed., Madrid, 2008, p. 310, traducción de Alfredo Brotons Muñoz.

hipótesis y tesis que hicieron hace pocos años tanto ruido, como la de «El Fin de la Historia» o la del «Choque de Civilizaciones». El cambio climático juega en otra liga aunque el corsé cultural que nos impuso la mencionada idea de progreso nos impide volver a mirar hacia atrás como hacia el ángel aquel, tan feo, del que hablaba Benjamin.

***

La verdad es que me repelen por igual tanto los tecnó-latras como los discursitos antiprogreso, tan de moda. Que reivindique yo aquí el valor de las intemperies o la necesidad de cuidar la «naturaleza salvaje» y de proteger hasta la geología más inerte todavía no arra-sada, no quiere decir que sea un adanista verdólatra, un adicto a los delirios naturalistas o un amante de la paleodieta y la autoextinción. Quien crea que a causa del progreso vivimos peor o que hemos perdido no sé qué virtudes primigenias no tiene mucha idea de las implicaciones de la ciencia en su propia vida, salud, alimentación y confort. Si logramos superar el cam-bio climático, decrecer sin extinguirnos, vivir en paz y descabalgar a los «cinco jinetes del apocalipsis» será gracias al progreso científico. Porque *margaritismo* o *tecnolatría* son también teologías, propuestas de magia y trampas políticas al solitario muy fáciles de vender en estos tiempos. Benjamin, perseguido por la Gesta-po, huyendo por el Pirineo hacia España y esperando un visado para luego pasar a América, se suicidó en Portbou al haber agotado su última brizna de esperanza. Nadie movió un dedo por Walter.

***

Volvamos a Attenborough, Sagan, Cousteau, Félix. Cada cual defendiendo lo salvaje y la maravilla desde su lugar. Cuando todos ellos decidieron contarnos todos los relatos que la ciencia llevaba explicando ya bastantes décadas en sus revistas ilegibles y sus investigaciones crípticas era porque la destrucción de los ecosistemas salvajes era tan obvia y tan rápida que necesitaban *tomar partido hasta mancharse*, y decidieron *mancharse*. Su militancia no estaba en salvar al calamar o la ballena, la pantera nebulosa, el gorila de montaña o el rinoceronte blanco sino a esos suicidas *sapiens sapiens*, animales también, habitantes también, dependientes también del aire y el agua limpia, las selvas y los océanos vivos.

Sí, claro, me dice Guillermo, *hubo otras extinciones en las que desaparecieron los trilobites y los dinosaurios, pero ellos no se pegaron un tiro jugando a la ruleta rusa.* Ese es el tema, nuestra responsabilidad. En este último siglo xx y en lo que llevamos del xxi, lo que no se logró domesticar, se ha destruido u olvidado. Y aspirábamos a domesticar el planeta entero. Ya destruimos lo que pensábamos que nos perjudicaba o lo que no daba dinero o era feo o era inútil. Muchas veces también destruimos porque sí, por accidente o sin saber. Luego está lo olvidado, lo que no arrasamos y quedó en los márgenes, a salvo, quién sabe por cuánto tiempo.

Sagan, Cousteau, Attenborough, Félix nos advertían del desastre, de una forma de fin del mundo, de extinción, de colapso. Por supuesto que la vida en la tierra no se terminaba, la tesis o la advertencia no era esa, muchos seres vivos resistirían, ¿felices?, todos esos cambios y destrucciones, cucarachas, escorpiones, amebas, líquenes, quién sabe. Le cuento a Guillermo que yo tenía unos quince años cuando emitieron *Cosmos* en TVE y no me perdí ninguno de sus capítulos. La voz de Carl Sagan, o, mejor, la estupenda voz del actor José María del Río, me acompaña desde entonces siempre que miro las estrellas.

Carl estuvo mucho tiempo peleando con los técnicos de la NASA para que hicieran esa lejana fotografía de la Tierra. La difusa imagen que captó la cámara del Voyager 1 no tiene ningún valor científico. Apenas es posible distinguir un punto del tamaño de un píxel de color azul pálido. A raíz de esa foto escribió un texto que no deja de conmoverme cada vez que lo leo: «Mira ese punto. Eso es aquí. Eso es nuestro hogar [...]». El texto sigue, son apenas cuatrocientas palabras que no voy a repetir, quizá luego las ponga al inicio de este panfleto. Son fáciles de encontrar, de escuchar, de leer. Quizá sea el texto más breve y más bello que se ha escrito jamás para explicar qué es este planeta para nosotros. O qué debería de ser.

Colapso: «El proceso al final del cual las necesidades básicas (agua, alimentación, vivienda, vestimenta, energía, etc.) ya no se proporcionan (a un costo razonable) a la mayoría de la población por medio de servicios enmarcados dentro de la ley».

Aún no nos creemos lo que ya sabemos, lo que estamos constatando. No se trata de hacer caso a los preparacionistas o a los apocalípticos sino a los científicos. Aquí, en el lugar de este país desde el que hoy escribo, será seguramente la sequía la causa del colapso. No el cometa o la guerra o la rara epidemia o el volcán o el triunfo mundial del Partido Aceleracionista o los intentos de migrar a Marte o el acuerdo aquel para probar a vivir de otra forma cuando ya sea tarde. O también. Quizá migraremos a Suecia, de ilegales, porque alzarán alguna frontera alambrada. A Suecia, por encima del círculo polar, el futuro nuevo país de suave clima mediterráneo donde se planten tomates y judías verdes.

Cormac McCarthy en su breve novela *La carretera* propone uno de estos colapsos. Otro es el presentado en *El Colapso*, una serie francesa de ocho capítulos de veinte minutos escrita y dirigida por Jérémy Bernard, Guillaume Desjardins y Bastien Ughetto. Este particular fin del mundo no sufre de la espectacularización y los efectos especiales digitales de las series yanquis que tratan el apocalipsis con sus zombis, sus ametralladoras, las bombas y los héroes salvando *in extremis* a los Trump o similares o amigos o saludados. En *El Colapso* contemplamos, con el corazón en un puño, la delgada y frágil piel que forma la civilización y el grueso músculo del «sálvese quien pueda». De tal manera, en *La carretera* de McCarthy, esa piel delicada la forman la inolvidable por vulnerable relación entre un padre y un hijo.

De Daniel Defoe, Henry D. Thoureau y Cormac McCarthy salen muchos caminos no siempre paralelos. Me cuentas que se ha puesto de moda el *preparacionismo* y el *bushcraft*. A veces se confunden y mezclan aunque son praxis, actitudes y diría que hasta ideologías diferentes. El *preparacionista* imagina un futuro apocalíptico en el que tan importante es acumular para la supervivencia como defenderse de un prójimo al que supone enemigo. El *bushcraftero* practica y domina habilidades que le permitan sobrevivir en un entorno natural salvaje con un mínimo de herramientas muy básicas. El primero se encierra, acapara y se defiende en un entorno hostil; el segundo aprovecha lo que hay en un entorno natural que puede ser acogedor. El primero acumula objetos necesarios y el segundo atesora saberes útiles. A cualquier humanos, si se le rasca un poco, le sale el *preparacionista* o el *bushcraftero* que lleva dentro, basta mirar su casa y su despensa, su opinión sobre la humanidad, la seguridad o el futuro.

En la actualidad, las elites están preparando una nueva forma de residencia en la tierra. En mi país en concreto, los portales inmobiliarios sacan ofertas monstruosas de pueblos enteros que se venden a buen precio y, por otra parte, también se venden, aunque a un precio mayor, grandes fincas y dehesas de miles de hectáreas, con grandes casonas nobles. Este tipo de propiedades rurales son también, en otros países del mundo, muy anheladas porque los muy ricos, los ricos de verdad, preparan sus paraísos-búnker lejos de las aglomeraciones *proletariat* y las ciudades contaminadas. Las urbanizaciones periféricas blindadas ya no les sirven. En esas grandes fincas privadas o neoaldeas preparadas para el colapso por venir pueden disfrutar de la soledad sonora, organizar sus pequeños reinos trufados de tecnología de seguridad punta, almacenes enormes de víveres, agua potable y *milanas bonitas* sin que nadie les moleste.

Desde el otro lado y por razones opuestas, hay quienes piensan a lo grande y defienden la necesidad de los vaciamientos descomunales consistentes en expulsar a las personas de grandes áreas del planeta para detener el cambio climático, evitar la extinción masiva de especies y el agotamiento definitivo de esos «recursos» vivos, escasos y preciosos. Son pensadores, biólogos, charlatanes, geoingenieros más o menos grillados, más o menos brillantes como Benjamin Bratton, Aaron Bastani, James Lovelock, McKenzie Wark o el admirado Edward O. Wilson que, en su ensayo *Medio Planeta. La lucha por las tierras salvajes en la era de la sexta extinción*, plantea y defiende dejar medio mundo a la naturaleza salvaje y que los humanos solo ocupemos y vivamos del, y en, el otro medio.

Luego están las lecciones de la historia, los otros colapsos ciertos.

Hace unos pocos miles de años hubo siglos de sequía, una enfermedad misteriosa, reventó un volcán gigante, no hubo verano, se agotó el suelo, llegaron los pueblos del mar o los bárbaros del norte o mil plagas, no sirvieron los sacrificios humanos, nos maldijeron los dioses o quién sabe. Los arqueólogos han contado unas treinta civilizaciones que colapsaron, de las que solo nos quedan cimientos quemados, ruinas, palacios enterrados, espadas rotas, huesos, palabras en piedra que muchas veces no entendemos. Civilizaciones de las que apenas han sobrevivido indicios, de muchas casi nada. De la nuestra sabemos bien el porqué, quizá el cuándo y nos da miedo el cómo. No es inexorable pero no somos más inteligentes que las personas que vivieron antes aunque hayamos ido a la Luna e inventado una forma de saber de acceso universal llamado internet. Pero cuesta entender que nosotros, descendientes de los pueblos del Egeo, que inventamos la navegación, la ciencia, la ética, la política, la filosofía y que sabemos hoy los límites objetivos de la vida y del propio mundo, vivamos y nos relacionemos de una forma no muy diferente a la de aquellos guerreros o sumisos o tiranos suicidas o a la de estos milmillonarios tecnológicos que gastan parte de su fortuna en una salvación personal que no existe.

LA NUEVA ESTACIÓN SEQUÍA

Hay cuatro fuerzas físicas que definen la naturaleza del universo conocido: la gravedad, el electromagnetismo, la fuerza nuclear fuerte y la fuerza nuclear débil. La gravedad hace que los planetas y los soles mantengan sus órbitas; el electromagnetismo produce que las partículas cargadas positiva o negativamente se atraigan o repelan; la fuerza nuclear fuerte mantiene a los protones y neutrones del núcleo de los átomos juntos y la fuerza nuclear débil permite a un bosón viajar de un neutrino a un neutrón, y el neutrino al perder al bosón, se convierte en un electrón. Por toda la Tierra hay montañas, en ellas se paran las nubes, cae la lluvia y bajan los arroyos y los ríos haciendo cascadas y rápidos. Así el agua se oxigena y purifica. Es la gravedad la que atrae el agua líquida al punto más bajo de la tierra que es el mar, pero también actúan sobre este agua las otras tres fuerzas antes descritas para que las moléculas sigan unidas. Y la palabra más cercana a la vida es: «agua». Agua. Ya sabes. Mi palabra preferida del idioma castellano.

Nada más triste en estos tiempos que una fuente abandonada. En ella podemos ver lo que hubo antes, imaginar todo lo que allí tejió el progreso con una voluntad de perdurar que luego no sirvió. Hoy tratamos el agua como una minería, como explotar un filón de oro o de litio o de carbón o de diamantes. Se busca lo escaso y no importa conseguirlo a costa de destruir lo que rodea a ese recurso hasta agotarlo y luego adiós, se cierra el tajo, el agujero y a otra cosa. Dejamos atrás el territorio estéril, la escoria, la herida o el desierto. Mientras aquello duró nos dio riqueza. Solo eso importa. Pero el agua es muy preciosa, la minería más valiosa de todas las que hemos explotado. Tan solo el 2,5% del volumen del planeta es agua dulce. De esta, el 69% es hielo o nieve, el 30% es agua subterránea y solo el 1% es agua líquida disponible en ríos y lagos. Perdón, te dije antes que nada de datos cuantitativos.

Una vez, hace años, colaboré en un estudio para lanzar una marca de agua mineral que se hacía con hielo de iceberg o de glaciares, en cierto modo era «agua fósil». Pensaba que era una chorrada, pero tanto en el estudio, como luego en el mercado, ese agua, carísima, fue un éxito.

Mientras escribo todo esto se anuncian restricciones de agua en una de las regiones más ricas de mi país. Vuelvo a lo local para hablar de lo global. *¡Restricciones de 210 litros por persona y día! ¡Sequía en Cataluña!* Miles de millones de personas en el mundo sueñan con tener acceso siquiera a veinte litros de agua limpia y potable al día. O a dos litros. No es la sequía meteorológica la que ha provocado estas restricciones sino el derroche de agua para todo tipo de usos, piscinitas, jardines suntuarios, campos de golf, riego a manta de cultivos inadecuados... Una pésima gestión municipal del «recurso agua» ya sea corriente, embalsada o subterránea. Una mala planificación del futuro inmediato sabiendo que la nieve y el hielo, el banco de agua que es o era el Pirineo, cada vez tiene y tendrá menos *liquidez*. Y estás restricciones han venido provocadas, sobre todo, por la equivocada creencia de que el «recurso» agua dulce es infinito, «renovable» y que a los ríos y acuíferos los podemos exprimir todo lo que necesitemos y más, *que ya lloverá en otoño o primavera de nuevo*. En abril aguas mil.

El informe «Glaciaciones y glaciares del Pirineo» de la Sociedad Geográfica Española, explica que entre 1850 y 1980 se extinguieron 94 glaciares en ambas vertientes de la cordillera pirenaica. Desde entonces, se han extinguido otros 17 glaciares en la vertiente española. El glaciar más grande de los Pirineos, el Aneto, ha perdido más de la mitad de su superficie de hielo desde 1850. En la actualidad apenas tiene menos de 15 hectáreas cuando tenía casi 90 hectáreas y 50 metros de espesor en sus mejores tiempos, hace nada. La retirada de los glaciares y de las nieves perpetuas ocurre en todo el mundo, desde los Andes al Himalaya. Y sin embargo no nieva menos. ¿Entonces?

El cambio climático nos ofrece estas certezas, pero preferimos culpar de este desastre a la sequía de estos dos últimos años. Menos mal que nadie la ha adjetivado todavía de «pertinaz», pero todo llegará. Este año le ha tocado al Ebro pero los años por venir lo sufrirán, ya lo han sufrido, las otras cuencas. No se trata de gastar siempre toda el agua disponible que haya o si no hay traerla en cisternas o desalar agua de mar, sino de gastar menos, cultivar de otra forma, cuidar con exquisitez las aguas subterráneas y las superficiales, dejar de consumir agua y recursos como si no hubiera mañana, porque si seguimos así, seguro que mañana no habrá agua.

Le digo. Guillermo, piénsalo: ¿tú gastas 210 litros de agua dulce al día? Las medias estadísticas y los datos per cápita muchas veces tienen sus trampas. Aquel agua mineral de glaciar la sigo viendo en muchas tiendas y restaurantes. Hay que ser muy gilipollas, muy inconsciente y muy esnob para pagar por ella. Pero es premonitorio: la nieve, el hielo de nuestras montañas será, ya es, el oro blanco, el oro transparente más escaso y valioso.

Sin embargo con él solo fabricamos bisutería...

***

La Agencia Estatal de Meteorología (AEMET) y la Oficina Española de Cambio Climático (OECC), la Fundación Biodiversidad y el CSIC, han desarrollado un «Visor de escenarios de cambio climático» que puede consultar cualquiera. También una «Guía de escenarios regionalizados de cambio climático sobre España» a partir de los datos del IPCC. Este tipo de proyecciones se están realizando en todos los países y regiones en función de cómo cambiemos o no las emisiones de CO_2. Aunque estas proyecciones tienen un gran margen de incertidumbre, lo que es indudable es que vamos a sufrir un aumento de los valores medios de la temperatura.

Sí, por todas partes aparecen las siglas IPCC (Intergovernmental Panel on Climate Change), es decir, Grupo Intergubernamental de Expertos sobre el Cambio Climático. EL IPCC está integrado por miles de científicos de todos los países especializados en climatología, meteorología, glaciología, biología, oceanografía... también en economía, ingeniería y política. Su trabajo consiste en revisar y analizar de forma permanente toda la información científica que se produce en el mundo sobre el cambio climático y luego elaborar informes de síntesis. Hoy son famosos pero llevan trabajando desde 1988. Sus informes son de fácil acceso y no son difíciles de comprender. Sus conclusiones y datos se pueden contrastar con las fuentes. Se los critica por ser demasiado pesimistas u optimistas, catastrofistas o posibilistas, apocalípticos o integrados, están en el pimpampum de los *colapsistas* y los *negacionistas*, pero solo son científicos que hacen y muestran ciencia.

Y la ciencia nos dice que a finales del siglo XXI, en el mejor de los casos, con una reducción de emisiones drástica, la subida media en la península ibérica de las temperaturas estaría entre 3 °C y 4 °C y con un escenario más emisivo subiría entre 4 °C y 6 °C. Estos valores son la media en toda la Península. En el sur y las zonas de interior las subidas serán más altas y en las zonas del norte y de costa algo menores. Además subirán las temperaturas máximas y también las mínimas en todo el país. Por eso se llama calentamiento global . ¿De nuevo numeritos?

Nos puede parecer que el fin del siglo XXI, pongamos el año 2080, está muy lejos todavía. Por ahora en nuestro país NO llueve menos pero SÍ hace más calor y por tanto se evapora mucho más agua. La atmósfera *quiere* su parte y la chupa del suelo, de la vegetación, de los ríos y de los embalses. La atmósfera demanda en España 1.200-1.300 mml/m^2 al año. El dato también es una media que no nos dice nada a los no expertos en desiertos. En los meses de junio, julio y agosto la demanda es mayor. Cuando sea mucho mayor aún, las hojas de las plantas cerrarán sus estomas, los pequeños agujeros por los que las plantan respiran y se produce evaporación, sufrirán estrés hídrico, morirán. ¿Todas? Bueno, todas no, los cactus se salvarán.

Estos datos son de tendencia y dentro de ellos, hasta este fin de siglo, habrá años más secos y años de lluvias intensas, años de mucho más calor y también años más fríos a los que, sin duda, se agarrarán los negacionistas. El calentamiento global también se llama efecto invernadero. En los invernaderos hace calor y el ambiente es más húmedo. En el mundo cada vez llueve más. Al aumentar la temperatura se evapora más agua del mar.

¿Pero en qué quedamos? ¿No decías que la mitad de España se va a convertir en un desierto? También.

Hemos venido a las Tablas de Daimiel, en Ciudad Real. Hace calor, apenas queda agua aunque los alrededores están sembrados de miles de hectáreas de vid, olivar y almendro en regadío. Le cuento entonces a Guillermo el fin de dos civilizaciones que fueron la nuestra. A día de hoy, el mundo científico aún debate sobre los límites geográficos y cronológicos de Tarteso y sobre cuáles habrían podido ser las causas de su repentino y misterioso final. Para algunos, el colapso se produjo a finales del siglo VI a. C. en los núcleos urbanos que comprendían las actuales provincias de Huelva, Cádiz y Sevilla debido principalmente a causas políticas, climáticas o, quizá incluso, por el devastador efecto de un tsunami. Pero, con todo, siguen surgiendo dudas sobre el enigmático final de otros asentamientos situados más al norte: ¿qué ocurrió con su población y con sus poblados entre finales del siglo V a. C. y principios del IV a. C.?, ¿dónde fueron finalmente sus habitantes? Estos son algunos de los interrogantes que intenta dilucidar la arqueóloga Esther Rodríguez González en su libro *El final de Tarteso. Arqueología Protohistórica del Valle Medio del Guadiana* (2022). Según esta investigadora, codirectora de los trabajos arqueológicos en el asombroso yacimiento de Casas del Turuñuelo, el enigmático final de Tarteso vendría confirmado por la existencia de un solo nivel de destrucción. De hecho, en estos yacimientos ha podido documentarse que los tartesios «clausuraron» muchas de sus grandes construcciones y ocultaron sus riquezas mediante complejas ceremonias rituales, lo que descartaría totalmente la posibilidad de que esto se hubiese llevado a cabo en un contexto bélico. No se ha encontrado ninguna evidencia en el registro arqueológico que confirme una crisis generalizada en la península ibérica a finales del siglo V a. C. Así que Esther Rodríguez apunta a un cambio climático, aunque no como un acontecimiento devastador, sino como una continua serie de inundaciones, tal como se desprende de las excavaciones llevadas a cabo, por ejemplo, en Casas del Turuñuelo, donde se ha identificado un nivel de inundación que afectó al lugar justo antes de su clausura ritual y su abandono. Al parecer, en el caso de la zona sevillana fue un maremoto seguido de un tsunami, y en la zona del Guadiana una sucesión de enormes y repetidas crecidas fluviales que se llevaron la tierra fértil, los huertos y muchas casas que estaban en sus orillas. Aquello les aterró y desaparecieron en la bruma de la historia.

Coincide nuestra visita a Daimiel con la presentación de un ensayo titulado *La Sed* de la antropóloga Virginia Mendoza, que nació cerca de aquí, en Terrinches. En estos tiempos de mirarse el ombligo, de hacer de la política y la literatura un bonito juego malabar, de andar todo el día con el ruido mediático de la «sequía pertinaz» o de malvender paraísos por un puñado de fresas en Huelva, Virginia se atreve a contar y explicar otra verdad social y personal más dolorosa, más poética y también más peligrosa. En este tema del agua, de las sequías pasadas o por venir, sean de origen climático o cleptómano, hay poca gente que lo cuente tan bien y que sea tan valiente.

También es cierto que durante miles de años muchos pueblos prefirieron la recolección de lo escaso y seguro al cultivo de lo abundante y precario. Optaron por recoger bellotas y avellanas antes que plantar trigo farro y lentejas. De lo primero siempre había más o menos. Lo segundo implicaba más trabajo, acumular de más pero a veces perderlo todo por una helada, un chaparrón o una razia. Tanto en uno como en otro caso se mantuvieron las recolecciones de lo comestible salvaje, la caza, la pesca, el marisqueo, el nomadeo unos meses y el sedentarismo otros, al albur del remonte de los salmones, la montanera, las nevadas que obligaban a la choza o la posibilidad de ir a por moras y dormir al raso en tiempo de bonanza. La flecha del progreso, el paso de ser forrajeadores y cazadores a agricultores y ganaderos, nunca fue tan lineal como lo pintaron los libros del siglo XX. Hoy sabemos que durante miles de años la agricultura fue solo un divertimento, una forma de tener alguna fruslería que llevar de visita y quedar bien o intercambiar por algo raro y útil. Muchas veces se abandonó el asunto una vez domesticadas las semillas y conocidas bien las artes y mañas del agro. Éramos pocos, y hasta muy pocos, el mítico Jardín de Edén era un secarral con cuatro bichos bobos y una serpiente parlanchina en comparación con la generosidad y la abundancia del ancho mundo lleno de comida. Estepas, marismas, bosques, ríos y costas estaban llenos de bichos y plantas comestibles así que no había que preocuparse mucho ni trabajar de sol a sol, ni defender cosechas, ni hacer caso a reyes, tiranos o abracadabras de sumos sacerdotes. *Guillermo, ¿te gusta este resumen de nuestro pasado? No se parece mucho al que nos suelen contar.* Lo cierto es que siempre hubo otros caminos. Decidimos hacernos sedentarios porque entonces el clima era propicio. Nuestras amiga Virginia cuenta muy bien todo esto.

Ya imagino que unas gachas de harina de bellota serían más ásperas que otras de trigo, pero supongo también que el ingenio culinario ya habría descubierto qué yerbajo o qué roedor o qué pajarillo o qué gamba añadir para hacer más rico el mejunje. De todo eso discutimos hoy, de esos tiempos remotos y curiosos, mientras guisoteamos unas flores aún en capullo (alcachofas), unas raíces (de zanahoria) y unos bulbos (cebollas tiernas), con su aceite de oliva y su vinagre de Jerez, tesoros todos de nuestro mundo sedentario y agrícola…, o no porque, de hecho, se puede hacer un plato parecido con brotes, raíces, grasa y agraz recolectado. Esas cocinas preneolíticas también se perdieron en la noche de los tiempos, pero no es difícil hacer retroingeniería, e imaginar con qué recursos y de qué forma comíamos o pudimos comer de lo salvaje hasta el punto de despreciar todo lo domesticado. Así en la mesa como en las formas de gobierno.

Y ya que estamos recordado colapsos remotos le cuento a Guillermo el llamado «Evento 4.2 ka cal BP» que ocurrió en toda la franja climática horizontal y que significó la desaparición de muchas civilizaciones, sobre todo algunas del Creciente Fértil. Cerca de aquí, en el pueblo de nuestra amiga y en todos los pueblacos de la región, este evento se dejó sentir entre el 2000 y el 1800 a. C. Aquel verano hizo frío, también calor y luego apenas llovió en otoño. En el poblado tenían una buena provisión de tasajo de venado y de cabra, también avellanas, bellotas y guisantes. Plantaron los huertos junto al río y como en los humedales se habían quedado muchos peces aislados de las corrientes de agua, ahumaron

77

y salaron los más grandes. Tampoco llovió luego en primavera y el verano fue más caluroso. Las plantas que salieron en los huertos se marchitaron en cuanto asomó lo verde. Hicieron ofrendas a los dioses, algunos sacrificios y tallaron las gotas de la lluvia en las rocas pero aquello no cambió. Ocurrió lo mismo el año siguiente y el siguiente y el siguiente. Calor, frío, ausencia casi absoluta de lluvia. Los arroyos y los ríos se secaron por completo. Se murieron todos los árboles, desaparecieron todos los humedales y esa tierra se llenó de helechos que al cabo también desaparecieron. En el resto del territorio solo crecían yerbajos incomestibles o monte bajo de esparto, retamas, jaras, algunos brezos y enebros donde aún había algo de umbría y quizá humedad. Murió mucha gente de hambre. La mayoría decidió emigrar hacia el norte donde se decía que no había llegado aquella maldición. Solo unos pocos se quedaron, hicieron pozos cada vez más profundos y probaron a sembrar algunos cereales seleccionados que aguantaban esos extremos. Con el tiempo tuvieron que fortificar esos pozos. Nadie sabe por qué los fortificaron. Luego pasaron muchos años, quizá hasta dos siglos, y el clima volvió a ser el de antes. Nadie recuerda aquel tiempo, claro. Aquel misterioso periodo de prolongadas y radicales sequías. El cambio climático en ese territorio fue rapidísimo, en una sola generación todo se secó, se extinguió y el paisaje se convirtió en algo muy distinto. Todo esto lo han deducido estudiando el polen. Gracias a la palinología, la ciencia que estudia estos minúsculos fósiles, sabemos qué tipos de árboles había antes, cuando dejó de haberlos, qué vegetación sustituyó a la anterior.

Dice nuestro amigo Andrés, quien ya te he dicho que trabaja en la Agencia Estatal de Meteorología (AEMET), que ahora tenemos el fenómeno del Niño, el enorme calentamiento de los océanos de este año y que se podrían detener las corriente atlánticas. Los climatólogos no se mojan adivinando el futuro en ninguna bolita de cristal, puede ser que sí, puede ser que no, pero no es imposible que volviera a ocurrir lo de aquel entonces, aquel «Evento 4.2 ka cal BP». Mientras tanto seguimos tratando los acuíferos y los ríos como si fueran minería, los explotamos *sin concesiones* y cuando se agoten pasaremos a otra cosa, pero sin agua no hay otra cosa. El problema no es la sequía sino la desastrosa forma como usamos, contaminamos y derrochamos el agua, abundante o escasa, que tenemos.

En estos días en que quien más derrocha el agua clama contra el Gobierno, las confederaciones y *el cielo protector* que describió Paul Bowles, me viene a la memoria una entrevista en profundidad que hice a un *consumidor target* dentro de un estudio de mercado para una gran corporación líder en el sector de bebidas alcohólicas a mediados de los años noventa. La cosa fue más o menos así: *¿Cuánto bebe usted? Yo, lo normal. ¿Lo normal? Sí, tres o cuatro cañitas al* *medio día, una botella de vino bueno con la comida y luego dos o tres cubatas con mi señora, mientras veo un partido o una película.* La versión hídrica sería más o menos así: *¿Cuánta agua gasta usted? Yo, lo normal.*

¿Y qué es *lo normal?*: unas pérdidas conocidas en las infraestructuras hídricas urbanas del 25% y en las infraestructuras de regadío del... ni se sabe (no existen datos precisos para conocer estas pérdidas); un abuso de los acuíferos a través de miles de pozos legales e ilegales que impiden que los mares de agua dulce subterránea del acuífero 23 o el 27 se recuperen y cuyos bajos niveles amenazan ahora, en este futuro ayer de 2024, la supervivencia de los Parques Nacionales de Daimiel y de Doñana; unos sistemas de riego obsoletos, ya que el 47% del riego es por gravedad o aspersión con pérdidas por evaporación de más del 30%...

Y a todo esto hay que sumar que se han creado miles y miles de nuevas hectáreas de regadíos y de cultivos con altas necesidades hídricas, como el aguacate o el mango, y cultivos intensivos que ahora se riegan y que antes eran tierras de secano, como la vid, el olivar, el almendro y el pistacho. Hoy, y ya casi todos los años, el conjunto de derechos concesionales es superior al agua disponible y todos esos derechos de uso se exprimen a tope con más y más hectáreas regables. Además, la contaminación química de las escorrentías agrícolas hace que sea imposible depurar este agua dulce (o carísimo, que para el caso es lo mismo). Y a esto hay que sumar el rechazo a pagar los altos precios del agua desalada, el hábito de no pagar por el agua de uso agrícola consumida o de no pagar ningún canon por contaminación, a pesar de que hoy día lo que más contamina ríos y acuíferos son los nitratos y otros agroquímicos de la agricultura y la ganadería intensiva. Este es el panorama.

Así que gastamos agua *lo normal,* como si fuéramos alcohólicos y nos negásemos a admitir la enfermedad. No invento la pólvora ni descubro nada que no esté ya dicho, probado, analizado y pesado en informes objetivos del MAPA, la CNMV, las Confederaciones Hidrográficas, la AEMT, los últimos informes del IPCC, … Y es verdad aquí y también en la California agrícola y en otros lugares del mundo.

***

A los medios de comunicación les gusta mucho hablar de la sequía con tono apocalíptico, mostrar embalses vacíos con el barro cuarteado, mendrugos de tierra seca y espigas sin granar, peces muertos y agua verdosa, agricultores maldiciendo, y vírgenes o santos saliendo en procesión. Tuvimos las «pertinaces, espantosas y crueles» sequías de 1869 y de 1874; la terrible sequía de 1930, que incrementó la tensión social de los jornaleros; las falsas pertinaces sequías franquistas de 1944 y 1945, que fueron bien explotadas por el NO-DO para justificar las hambrunas de postguerra, producidas por una agricultura subdesarrollada y una autarquía suicida. Y desde que hacemos en España buenas mediciones pluviométricas podemos ver que hemos tenido periodos secos regulares y casi previsibles en 1975, 1985, 1995, 2005, 2015 y en este 2024 que no va nada bien. Así que las sequías en la península van y vienen con regularidad pero hemos hecho poco o nada para evitar sus consecuencias. Las sequías tal vez sean similares pero no el uso intensivo del poco agua que tenemos. Guillermo dice que se aburre, que el tema del agua y los ríos es mi monotema, que pase a otra cosa. Lo intento, pero me cuesta dejarlo.

Los últimos estudios, los más conservadores en sus previsiones, calculan un descenso de precipitaciones para el conjunto de España de entre el -6% y el -8% para 2040-2070 y de entre el -7% y el -14% para 2070-2100. Aunque las previsiones de las escorrentías son más graves y advierten que se reducirá aún más el agua disponible en los ríos. A partir del año 2040 tendremos de media alrededor del -12% de agua y para el año 2070-2100 podía llegar hasta el -24%. Menos agua en un contexto de muchísimo más calor y por tanto más evaporación. No hay sequía. Hay alcoholismo de agua, ¡ponme otro cubata!... que bebo *lo normal*. Pensemos que entre las reivindicaciones agrícolas actuales se pide más agua para regar (aunque no la hay), y nadie pide reducir las extensiones de regadío. También se pide que no se limiten los pesticidas, ni se respeten los porcentajes de barbecho subvencionado, etc. En España, la agricultura padece un verdadero «alcoholismo acuático». Acabo el mitin. Guillermo me dice que soy muy blablablá y muy obsesivo con el tema del agua, que se nota que soy pescador de truchas y tuve una infancia de mucha salvajina fluvial.

Repito la denominación de aquel desastre climático que no fue responsabilidad de los humanos de entonces: evento 4.2 ka cal BP. ¿Qué sequías atroces vivieron entonces para hacer murallas alrededor de los pozos y las cosechas? ¿Qué sequías viviremos mañana si seguimos derrochando y contaminando los acuíferos y esquilmando de esta forma los ríos y los acuíferos? ¿Rodearemos las cosechas o los invernaderos con alambradas electrificadas para que no nos roben los melones o las patatas? *¡Ponme otro cubata y otro para este amigo!*, *él invita, que bebemos lo normal.*

Granulado de plástico industrial o «lágrimas de sire-
na» en colores blanco, ámbar, negro, rojo... Playa en
la costa de Aquitania (Reserva Natural Nacional).

4

YA COMEMOS PLÁSTICO

Unido al reproche *Vaya mundo de mierda que nos habéis dejado*, y que sugiere que hemos sido unos ciudadanos muy poco sensatos, muy poco prudentes y muy poco previsores, aparece la duda de qué tal lo hicimos entonces como padres y madres. Miro las viejas fotos de cuando eran pequeños. Sé que hice caso a los sabios antiguos, a Simón el Zapatero y a Sócrates: enseñé a mis hijos a nadar y a leer. Lo demás ya lo aprendieron ellos por su cuenta, curiosos y sorprendidos. He vivido muchos años más que mi padre Ramón, muchos años más que mi abuelo Teodoro, siempre con la sensación de regalo y deslumbramiento, de años de más gracias a los genes, el azar y sobre todo a la ciencia: vacunas, medicinas, sistema sanitario, buenos alimentos y mejor agua... Espero que mis hijos mantengan e incrementen esta tendencia. Me resisto a pensar que el futuro será el colapso. Ese futuro inmediato, a cincuenta años vista, en el que no estaré, pero sí estaré, no por ninguna trascendencia sagrada o de genética hereditaria, sino porque estoy ahora, porque podemos contemplar el futuro, imaginarlo con toda precisión.

Ya hemos escrito de otra forma que para un niño de los años setenta el futuro era deslumbrante. Su fecha estaba en un lugar literario impreciso entre el 2001 y el 2020. El 1984 orweliano era demasiado oscuro y amargo, pensábamos. Al final el futuro terminó siendo esto, nada de odiseas del espacio kubrickianas: cambio climático y *teslaschatarras*, guerras antiguas y miles de niños muertos considerados enemigos, robots recalentados porque, como en la *Metrópolis* de Fritz Lang, tienen una mujer dentro, congas™ barriendo y jóvenes doctorados repartiendo comida a domicilio, soma y miedo al otro, al vecino, también nueve horas mirando pantallas y políticos utilizando la neolengua o la postverdad entre sonrisas. *Realismo capitalista*, caricatura socialista, pesadilla comunista y anarcoliberalismos utópicos y distópicos entre el adanismo diverso y la extrema derecha 3.0 más bestia. Aquel futuro deslumbrante, que iba a superar con creces cualquier escenario ideado por la ciencia ficción, era esto… niños muertos.

Antes de ayer, en el 10000 a. C. vivían en la Tierra solo cuatro millones de personas; luego, en el 5000 a. C., con la agricultura dando panes y peces a mansalva, pasamos a ser veinte millones en todo el mundo, eso sí que era la España Vacía y no lo de ahora, no te encontrabas con el famoso vecino ni aunque bajases la basura a las doce de la mañana. Fueron pasando los siglos, con subidas y bajadas demográficas, pero sin variaciones espectaculares, excepto cuando surgía una pandemia o una guerra. Hasta que a comienzos del siglo XIX, con más higiene y mejores bocadillos, pasamos a ser 1.000 millones ¡Y ahora somos 8.100 millones de habitantes en el planeta! ¡Ni la marabunta aquella de la película! Pero, te advierto, no todos somos igual de *marabuntos*. Unos derrochamos, consumidos y gastamos de todo y otros, que son la mayoría, viven con tres euros al día y no tienen previsión de ir al Primark, comprar una segunda residencia en la playa o un coche eléctrico para adormecer la mala conciencia consumista.

Mis colegas demógrafos hacen la cuenta de la vieja, me asustan y estiman que llegaremos a 11.400 millones de vecinitos y vecinitas en el año 2050. La única «transición» posible para no gastar lo poco que nos queda en el mechero sería un decrecimiento a lo bestia que nadie quiere ni imaginar. Cualquier otra cosa es hacer el teatrito, el trampantojo, eso del «crecimiento sostenible» que en cuanto entras a ver en qué consiste, se sostiene bien poco.

En cuanto al «reto demográfico» no sería tanto la apuesta por lo neorural lechuguista que tanto le gusta a Guillermo (el tren a Extremadura o ver si Teruel es ya un fantasma), como parar de una vez de marabuntear por todas partes destruyendo y gastando lo que era para los nietos y las nietas. Da igual si vives en la *city* o en la aldea, si fríes todos los meses la Visa en ropa barata y telepizzas, en teleseries y fotos en la nube, en aire acondicionado y acondicionador para el pelo. Hemos pasado de cuatro millones a 8.000 millones en cuatro telediarios como quien dice. De 30.000 personas a 46 millones si hablamos de España. Espero que algún lector no diga lo que siempre dicen los listos, que hemos copulado por encima de nuestras posibilidades y que no se puede comer paella de marisco todos los días. No es chiste. Lo he leído por ahí, a un economista de los serios.

***

Tras una semana de calor en pleno enero, por fin la intemperie se va volviendo áspera. La savia se retira y van entrando los vientos del norte. A las bestias les crece el pelo del invierno, les sale una borra abrigada, un pelaje más largo e intentan acumular por debajo una capa de grasa aprovechando la abundante comida disponible que tuvieron de octubre a diciembre. Nuestra borra es artificial, ya sea de lana o acrílica, y la despensa se llena en el súper. Pero algo nos empuja a masticar la acidez de la manzana o la endrina, el amargor de la almendra, la dureza de la castaña, la melaza del higo seco y la *duda* de la seta. Un rastro de instinto nos empuja todavía al bosque y al río. Soltamos al pez aunque hace bien poco encendíamos el fuego para blanquear, entibiar y devorar su carne. Caminamos sin el agobio del calor del verano y nuestros pasos, con sorpresa, parecen incansables. Bebemos del venero ahuecando la mano o acercando la boca igual que el venado o la comadreja que has visto hace un rato.

Me gustan mucho estos paseos con Guillermo, escribiendo este panfleto de memoria y también me gusta esa curva del sol tan perezosa, la certeza de tiempos peores, el empeño de resistencia que tienen los animales y los robles, de la hormiga de ala al halcón, del gazapo a la trucha de este río Jarama, de las mujeres a los hombres que vivieron aquí antes y de los que encontramos aún indicios, paredes arrumbadas, rastros de hogueras, terracota rota, sílex, leyendas, casi nada. Le digo a Guillermo que *hoy es siempre todavía*, como decía un poeta. ¡Nada de seguir con el manido futuro ayer!

Tengo un jersey de buena lana islandesa sin lavar que costó muchos euros y otro, regalado, de preciosa lana de alpaca. El calor de ambos es el mismo calor que abrigó a los vikingos y a los incas. Los dibujos que hacen sus nudos son leyendas antiguas y símbolos protectores que llevan siglos embelleciendo esas prendas. Guillermo me replica que los caros jerséis de merina o de alpaca, que antes abrigaban a los pobres pescadores de bacalao y a los precarios caminantes andinos, ahora solo los llevan los pijos.

Y tengo diez o doce «forros polares» fabricados con esos pellets que ahora contaminan las playas del norte, caros o baratos, de marcas alpinas de fama o del popular Decath…, todos están hechos de tereftalato de polietileno, una sustancia inventada por dos brillantes químicos ingleses en plena Segunda Guerra Mundial para sustituir la escasez de algodón indio y de lana australiana.

Pero fue Aaron Feuerstein, el dueño de la empresa Malden Mills, quien llenó el mundo con sus jerséis Polarfleece creados en un mercado creciente de 3.000 millones de dólares. Se le quemó la fábrica el día de su setenta cumpleaños. Juró fabricar otra factoría mejor y más moderna y siguió pagando a sus 3.000 trabajadores el sueldo hasta que abrió la nueva. Al poco tiempo se arruinó de nuevo. Remontó gracias a fondos y contratos del Gobierno pero luego volvió a arruinarse (no diré: el pobre hombre). La globalización tenía ese defecto, a partir de los años 90 del siglo pasado el capitalismo con rostro humano no podía competir con el capitalismo neoliberal de rostro caradura y trabajadores semiesclavizados en el sudeste asiático, China y México.

En la actualidad, con el tejido sintético de forro polar se fabrican jerséis, cazadoras, pijamas, bragas, sudaderas, gorros y guantes para vestir a todos los *aventureros de fin de semana* del mundo.

Aunque se han encontrado tejidos de lana bien conservados en momias egipcias e incas, el vellón de oveja o de alpaca, como materia orgánica que es, se deshace, se pudre, es biodegradable. En cambio ese poliéster, fabricado en un 80% con botellas recicladas, es un material indestructible, que se divide y subdivide hasta formar fragmentos mínimos.

Nos horrorizan hoy estas perlitas de plástico que salen en las noticias contaminando una playa de Galicia, este *chapapote* es casi invisible e imposible de limpiar porque no se distingue de los granos de arena; pero esto no es nuevo, pues la mayoría de la contaminación oceánica por microplásticos tiene un origen textil. De manera que cuando muestran por la tele todos esos puñados de bolitas yo solo veo botellas de plástico de agua mineral y forros polares sintéticos.

Acabaremos (ya estamos) comiendo briznas de Polartec con la merluza en salsa verde y el pilpil de kokotxas. Así que cada vez uso más las prendas de lana aunque pesen un poco más. Incluso los listos de la industria aventurera-pija ya venden buena ropa interior térmica de lana merina, que es más confortable, no pica, porque su pelo es muy fino y no huele mal tras una caminata. Incluso venden estupendos calzoncillos largos de lana. Sí, hoy levantas una piedra en el campo y te sale un escorpión o un emprendedor inventor de lo antiguo. También uso estos jerséis de plástico que tengo, claro, pero ya no los compro. No es que me haya vuelto un *fashion victim* de las fibras naturales, es que la merluza en salsa verde me gusta solo con perejil. Además los pastores de ovejas merinas me están esponsorizando esta descarada apología de la lana (debería decir «patrocinando», que luego la RAE se cabrea).

***

Cuando Guillermo tenía tres años fuimos a Delos, a «la isla de las liebres», porque estuvo Ulises y aquí nacieron Apolo y Artemisa. El antiguo río Inopo, citado por Heródoto, ya era desde hacía muchos siglos un cauce seco y perdido, todo lo demás eran ruinas informes. Sin embargo, de vuelta, a vela, mientras le contaba a mi hijo la historia de aquel pueblo y aquel tiempo, sentía que todo aquello seguía vivo precisamente ahí, en los cuentos. En estos cuentos de hoy, le digo ahora que es un hombre, no está escrito ningún apocalipsis. ¡Sonríe como entonces! Imagina, asómbrate, búrlate de los poderosos y sé honesto y cariñoso con todos, propón otra civilización con los tuyos, sigue leyendo y nadando. ¡Respeta el mar! Guillermo sonríe, veo en sus ojos asombro, perplejidad y resistencia. Entonces me replica: *¡Cómo te gusta ser peliculero, papá!*

EL PAN Y OTROS TESOROS

En estos días también los agricultores europeos se manifiestan, queman estatuas y árboles en medio de Bruselas, cortan las carreteras y se cabrean. Ya lo han hecho antes y lo harán en el futuro. Piden que les permitan utilizar sus pesticidas, eliminar el porcentaje de barbecho que deben dejar para la fauna, evitar que entren frutas y verduras de otros países... Y que la legislación europea en materia de agricultura sea menos *ambientalista*. Estas exigencias también las comparten los agricultores estadounidenses, chilenos, indios o de cualquier parte.

La palabra medioambientalismo, que aún no está admitida por la RAE, podría describirse como sigue: «Dar más importancia al medio ambiente que a otras cuestiones de la economía». Ocurre todo lo contrario. El aire, el agua, la tierra son considerados solo como un insumo, un conjunto de elementos que toman parte en la producción de otros bienes. La fauna y la flora que no pueden venderse son un estorbo. Amapolas, mantis, garzas, ortigas solo son plagas rociables con el venenillo A o el B. El agua es para quien la trabaja y nada es peor que tirarla al mar. *Medioambientalismo* suena a ecologismo 3.0, una forma de progresismo *happy flower* revestido de datos científicos que nos informan que el calentamiento global y la extinción del 70% de la diversidad de vida en la Tierra han sido causados por una forma de progreso suicida y que, si no desaceleramos o no paramos, el sistema colapsará, esta vez sí. Es como cuando montamos en bicicleta, si te paras te caes, por eso eliminamos hace tiempo los frenos de este artefacto económico o este chisme social o este tinglado político que llaman capitalismo. Necesitamos más pesticidas, más purines, más agua, más PAC, nada de barbecho, ni sisones ni amapolas. Si queréis alimentos baratos esto es lo que hay, la alternativa es el hambre. Dicen. Y este discurso lo compra todo el mundo. Nadie critica a estos agricultores.

Hoy hablo con mi hijo de eso. De la comida y de cómo la forma en la que producimos alimentos es también responsable (no solo nuestras vacaciones, la moda textil o la guerra), de las enormes emisiones de CO_2.

He ido con Guillermo algunas veces cerca del Círculo Polar Ártico, siempre en verano, cuando no hay noche pero sí millones de mosquitos hambrientos. Este año planeamos ir a Cabo Norte en bicicleta, por la costa noruega, en autosuficiencia, porque por esas tierras se puede acampar donde quieras, pescar alguna trucha, hacer un fuego y asarla. Nos gusta recuperar ciertos guisos paleolíticos, hacer vivac, viajar solo con nuestras piernas aunque sea pedaleando. Todavía nos queda pendiente tocar los hielos de más arriba y ver ballenas boreales por el archipiélago Svalbard, en el mar Glacial Ártico, con nuestro amigo Gonzalo.

En la Bóveda Global de Semillas de Svalbard se guardan 1.170.569 muestras de semillas, 500 semillas por muestra, apenas nada de la enorme diversidad genética que hemos ido recolectando, cruzando y seleccionando en estos pocos miles de años de agricultura. Una diversidad que se va extinguiendo, olvidando o abandonando al utilizar las semillas que nos venden los grandes consorcios petroquímicos como la famosa Monsanto. Pero a alguien se le ocurrió que había que esconder en alguna parte, o atesorar en algún sitio, la antigua biodiversidad inventada por nuestro revolucionario neolítico. Ignoro los apocalipsis, las guerras, los desastres o las enfermedades futuras que nos obligarán a echar mano de las muestras.

Las islas están en 78°14'09"N 15°29'29"E, en un lugar de acceso complicado si el famoso colapso nos dejase sin aviones para movernos por el mundo. Me preguntas si escribo aquí estas coordenadas a modo de mapa de la Isla del Tesoro de Stevenson, por si efectivamente el futuro es como sugiero y este libro, ya viejo, cae en manos de algún superviviente. El famoso mensaje dentro de una botella de vidrio, nada de plástico. Nos reímos. En ese caso tendríamos que echar mano de nuevo de veleros y bajeles.

En este banco ártico también se conservan semillas de teosinte, el antepasado silvestre del maíz (*Zea mays L.*). Los antiguos habitantes de Mesoamérica supieron convertir en pocos siglos una mazorquita enana de apenas dos hileras de pequeñas semillas correosas en una diversidad de grandes mazorcas que asombra hoy a cualquier botánico o curioso que se aproxime al asunto.

Hablamos de todo esto en la cola del cine. Vamos a ver *La passion de Dodin Bouffant,* mal traducida en español como *A fuego lento,* una peli francesa que se presentó a los premios Óscar allá por el año del calentamiento global del 2024. Devoramos una caja de cartón llena de antepasados de teosinte, unas palomitas de maíz fabricadas gracias a la máquina que inventó en 1885 Charles Cretors, aunque los pueblos de América ya sabían cómo hacer y comer unas buenas palomitas mucho, mucho antes. En esta película *gourmet* Dodin Bouffant y su cocinera nos muestran, aprovechando la narrativa de una historia de complicidad y amor maduro, una apología de la cocina burguesa francesa de finales del XIX y principios del XX. Sale el apionabo y el rodaballo y a partir de ahí lo demás es una maravilla para quienes sepan y gusten del buen yantar. El director es de origen vietnamita y aún recuerdo de él la maravilla de *El olor de la papaya verde*. Dejo las palomitas avergonzado, claro, porque si sigo seguro que se sale Eugénie de la pantalla, encarnada por la actriz Juliette Binoche, y me da dos hostias.

Si llega el apocalipsis nos quedarán las verdolagas y granos de Svalbard, pero nos va a costar recuperar nuestra refinada cultura culinaria. Yo atesoro algún libro por si acaso. Libros de cocina francesa y mapas de fuentes olvidadas, ambos en papel, nada en la nube que no es nube atmosférica. Este año estamos viviendo en España un invierno de frío y sequía. En Cataluña ya están pensando en traer barcos cisterna con agua de Francia o de Valencia.

El calentamiento global está tocando también otros ríos invisibles, las aguas fósiles que se esconden en lo oscuro, la humedad de la tierra. Ya se habla, por fin, de «sequía edáfica», cuya causa es la deforestación, la eliminación sistemática y agrícola de la fina capa verde de hierbas y arbustos y de los humedales, la extracción de las aguas subterráneas, la ruptura o reorientación de los mil arroyos capilares que nutren los ríos... No hay agua evaporable en la capa superficial de la tierra. Comienza a ser crónico el déficit de humedad de los suelos tanto agrícolas como forestales. Esa humedad que se mantiene en la tierra y evita que nuestro horizonte sea un desierto, esos ríos subterráneos que cruzan España por debajo y que hoy son esquilmados con bombas y pozos legales e ilegales. La sequía edáfica es invisible pero es mucho más terrible que el vaivén temporal de los ríos superficiales. La humedad de la tierra depende de la lluvia pero también de la cubierta vegetal que la cubre, del tipo de agricultura que practicamos y del uso que damos a las infinitas pequeñas arterias de agua que al final confluyen en un río.

Todo eso de los colapsos, improbables o seguros, nos parece aún una cosa teórica o hollywoodiense pero para que ocurra una crisis agrícola de dimensiones bíblicas basta bien poco. Bastarían tres o cuatro años de sequía, unidos a la prolongación de las olas de calor en verano que ya hemos conocido estos últimos años y a esa forma de exprimir los acuíferos a la que estamos acostumbrados. Una sequía edáfica severa de cuatro años de duración mataría la cubierta arbórea y el matorral. Se secarían hasta las encinas y los robles de cien y más años. Quedarían en el suelo las semillas de esos árboles, de los matorrales y las hierbas anuales pero pocas de ellas podrían brotar y prosperar hasta regenerar lo destruido. De esta tierra seca, sin cubierta vegetal y sin sombra, expuesta a los rayos de sol directos, desaparecían también una parte importante de la llamada biota edáfica que hay en el humus, toda esa variedad de innumerables organismos vivos no visibles a simple vista: bacterias, hongos, protozoarios, nematodos, ácaros, colémbolós... fundamentales para las plantas. El resultado de todo esto se suele llamar «desierto». Haciendo enormes inversiones de dinero podríamos sustituir y reforestar los árboles muertos, regarlos y cuidarlos hasta que tuvieran una profundidad de raíces suficiente. De tres a cinco años de cuidados. Pero regenerar este paisaje y reponer este suelo es siempre complicado como ya saben muchos horticultores a los que se les han secado los árboles frutales en años anteriores; y la sequía edáfica es mucho peor. ¿Sería como el maldito evento 4.2 ka cal BP ese de las Motillas? *¡Eres un colapsista, un funebrista, un aguafiestas!* Si ocurriese esto, cuando ocurra esto, multitud de vallecitos de la península ibérica, con arbolado y vegetación relicta, impropia de su latitud, que mantienen ese milagro biológico gracias a las montañas, a los acuíferos intactos y a la propia cubierta verde que los protege, se convertirían en *wadis* (ríos secos) y barrancas, como ya se pueden ver en algunos lugares. Nosotros, los humanos, ya lo he escrito antes, tenemos la *solución:* encender el aire acondicionado, salir menos al campo, importar alimentos y agua mineral, encogernos de hombros, tal vez migrar a lugares más frescos. Hoy, más de 9 millones de hectáreas, aquí en nuestra península Ibérica, ya están catalogadas como zonas con un riesgo alto o muy alto de desertificación.

Me levanto de la cama con esta pesadilla: medio mundo convertido en un Sahara. Bebo un vaso grande de agua del grifo, fresca, transparente, rica, sin sabor. 2.000 millones de personas ahora mismo no tienen acceso a esto que a nosotros nos parece tan natural y tan fácil. Mientras Guillermo se despierta tuesto un poco de pan. Pone uno la palabra «pan» y los efectos especiales de la película de la memoria se desencadenan a todo trapo: dorados campos de trigo, hornos de leña perfumando el aire, hogazas calientes, molinos de viento, masa fermentando tras ser amasada por un forzudo panadero rural o por ti, Jessica Lange y Jack Nicholson echando un polvo enharinado sobre la gran mesa de la cocina, un montón de palabras saliendo de la Biblia con la voz de Charlton Heston y convirtiendo el pan en lo más sagrado. Aunque «el pan nuestro de cada día» es cada vez menos, ya «no solo de pan vive el hombre» porque entras en el supermercado y el pan industrial o, a lo sumo, seudoartesano, ocupa un espacio pequeño, anodino. De alimento sagrado, cuerpo de Cristo, ha pasado a ser alimento maldito, el burdo rumor dice que engorda y alguna otra infamia.

Le cuento a Guillermo que hace muchos miles años un señor curioso, o una señora más bien, inventó un sofisticado producto tras hacer unas gachas con bellotas secas o con trigo o centeno o cebada o maíz o arroz. Machacó y molió las semillas correosas y secas. Añadió agua. Probó a sofisticar la masa añadiendo un poco de sal gris fósil de una mina o sal amarga de un charco seco del mar. Coció aquella

amalgama pastosa en el fuego. Y *voilà*: el pan. Llevamos miles de años sobreviviendo con este alimento.
Sobre él nació la Cultura Gastronómica Moderna,
así, con mayúsculas, hacia el año 10.000 a. C. Cuando ese señor o esa señora añadió, algún tiempo después, un poco de masa madre cruda y fermentada de
días anteriores o tal vez olvidó un rato el bolo crudo
de masa por ahí antes de ponerlo al fuego, fue el aca-
bose. El pan se hizo crujiente y esponjoso, corteza y
miga. Miles de años, miles de panes distintos nacieron de las diversas civilizaciones del mundo. Luego
se hicieron mejores molinos, hornos grandes, la hos-
tia, también de harina. Y junto al pan los mitos, las
fábulas, los sueños, las civilizaciones, el comienzo de
la Historia.

Domesticamos el trigo hace 10.000 años. El clima favoreció su cultivo pero también hizo algo más
escasa la carne de caza, así que comenzamos a preferir el pan a la chuleta. No fue de la noche a la
mañana. Todavía necesitamos unos cuantos años o
siglos para convencernos de que era mejor hacerse
agricultor y dejar en paz a los antílopes, construir
una choza y olvidarnos de las precarias y nómadas
tiendas de ramajos o pellejos curtidos. La clave fue
dar con un grano que no se soltase de la paja cuando
maduraba y que la espiga, en lugar de cuatro o seis
granos, tuviera diez o veinte. A partir de ese logro
selectivo la humanidad comenzó a ser otra cosa. Ya
no lo recordamos pero gracias al olor a pan, tras mi-

les de años de caminar, dejamos de ser nómadas. De Norte a Sur y de Este a Oeste, la Península estaba llena de casonas agrícolas abandonadas tras la caída del Imperio, perdidas bajo la tierra, casas de campo que tuvieron patios frescos, almacenes llenos, hipocausto, arboleda, pozo, sencillos o preciosos mosaicos... Más de un centenar han sido descubiertas y son admiradas por cualquier persona que se acerque a ver aquel confort que luego tardamos veinte siglos en volver a disfrutar.

A Hispania se retiraban los legionarios que no habían sido aniquilados en Carras, Teutoburgo, Graupius, Numancia o en cualquier limes peligrosa. Escondían la *gladius* y la *lorica*, leían *De re rustica* de Columela, tenían hijos y salían en junio a acariciar las cosechas de su hacienda antes del día de la siega. Esa imagen de una villa en Hispania que muestra Ridley Scott en *Gladiator* era para cualquier soldado el sueño más deseado de su azarosa vida. No era tocar la riqueza, el éxito o la gloria, más bien significaba la tranquilidad de alejar las hambrunas y de vivir en paz, no ver sangre, dormir sin miedo, sonreír. Y algo se nos quedó dentro, tal vez un gen rústico o «columelo» o legionario, porque cada vez que pisamos el trigo y acariciamos con la punta de los dedos las espigas llenas, una extraña felicidad nos llega de algún sitio muy profundo del inconsciente colectivo, la memoria literaria y ese hambre de pan que duró tanto.

El sociólogo que llevo dentro me hace explicarte que el año en el que nací cada ciudadano consumía 134 kilos de pan al año. Hoy apenas comemos 33 kilos por persona. Quisiera ser optimista e imaginar, tras este horizonte, litros de cerveza, pero sé que ahora todo este cereal se convierte en «chuleta» ya que sirve para fabricar los piensos con los que alimentamos pollos, cerdos, ovejas o terneras encerradas en naves que no son espaciales. Hay quién ve en la foto hogazas y quién ya solo ve hamburguesas. Aun así, aquel día de primavera me paseaba por este mar de cereal como el romano aquel de la película, Máximo Décimo Meridio; y cuando como un poco de pan recuerdo aquellos campos.

Hemos ido a dar un paseo por el bosque que está cerca de la casa, pero hay un bosque entero en la corteza del roble. Un bosque diminuto pero lleno de diversidad, de fragilidad y de belleza. Basta agacharse a mirar. Estos seres vegetales han elegido la orientación hacia la umbría del valle, su frescor. Temen más los calores veraniegos que las ventiscas de mañana. Hace setenta años todo esto estaba bastante pelado. La leña y la ganadería mantenían a raya a los quercus y a los matorrales. Solo los grandes castaños tenían entonces el privilegio de seguir creciendo. Las castañas eran alimento de primera necesidad y no frutilla de capricho. Había muchos. Antes y ahora ya eran árboles enormes. Alrededor del pueblo abundaban los recortes de cereal, de rara escanda, un trigo neolítico del que en 1927 Nikolái Vavílov se llevó semillas en su viaje de exploración peninsular, también atesoró semillas de centeno y castañas. Aquel botánico ruso era el mayor experto en trigo de la época, el mejor rastreador de semillas agrícolas de la historia, el mayor coleccionista de gramíneas cultivadas y salvajes; y encontró en la península variedades preciosas y únicas como se encargó de anotar en sus cuadernos. El banco de semillas que logró reunir sirvió durante décadas para mejorar los cultivos de cereales en todos los climas y tierras. No podemos saber, nunca podremos, los millones y millones de personas que comieron pan gracias a las investigaciones y al tesoro genético que reunió Vavílov. Luego será torturado y acusado de todo tipo de mentiras: zarista, trotskista, traidor antisocialista, espía, «defensor de la genética, una seudociencia burguesa»..., y morirá en la cárcel por desnutrición, de hambre, un día de finales de enero de 1943. De hambre, el científico que más había hecho para que se pudieran cultivar cereales, para hacer pan, en casi todos los campos agrícolas del mundo independientemente de las sequías, los fríos, las lluvias, las calorinas o la dureza de la tierra.

Hoy aquellos campos de cultivo de cereal que se ven en las fotografías del vuelo americano del 1956-1957, peleados a la montaña y al durísimo clima por agricultores iberos, romanos, visigodos, cenobitas...,

son bosquecillos y pastizales con manchas de brezo
ralo; y en Palacios de Compludo, donde nos hemos
quedado, no están censados más de cuatro habitantes. Sí, cuatro... Y un bosque entero en la corteza
de este roble y debajo de la tierra un zoológico diminuto de hongos, bacterias, protozoos, virus y mil
maravillas que no tienen aún nombre científico.

Durante el paseo recuerdo y le cuento a Guillermo la pelea teórica que mantuvieron Trofim Ly-
senko y Nikolái Vavílov, ideología contra ciencia.
Luego nos comemos el bocadillo de pan de centeno
gallego, tal vez hecho con las mismas semillas que
Vavílov guardó para llevarlas a Leningrado, al más
grande y diverso banco de semillas de plantas cultivadas que hubo en el mundo, junto a otras escandas,
centenos y cebadas regaladas por los agricultores de
Etiopía, Siria, Marruecos, Argelia, Egipto, Palesti-
na, Afganistán, Irán... Por la noche releo lo que
cuenta en su diario sobre la España que conoció y
vuelvo a mirar la fotografía que hice durante el paseo, esta corteza de un roble joven llena de líquenes
y musgos. La *Lobaria pulmonaria* está en peligro de
extinción en muchos lugares porque es muy sensible
a la contaminación del aire, al cambio climático, a
los incendios y a las talas sin tino. La *Lobaria* es la
sofisticada simbiosis entre un hongo, un alga verde
y una cianobacteria, nada menos que tres reinos en
comandita para sobrevivir. No hay paseo al que no
nos acompañen viejos amigos y enemigos.

Pero le cuento a Guillermo, ya que le interesa y me pregunta, que la «novela» de la vida de Nikolái Vavílov da para mucho más y no acaba con su muerte. En plena Segunda Guerra Mundial los nazis tenían planeado robar su precioso banco de germoplasma de Leningrado pero solo pudieron quedarse con las escasas muestras que se guardaban en Ucrania y en Crimea y que se llevaron al «Instituto de Plantas de las SS», en el castillo de Lannach, en Austria. El plan de «mejoras genéticas» de los alemanes implicaba a las personas, los animales y también al trigo. Tras la derrota de los nazis muchos de ellos se fueron a trabajar a las universidades de Estados Unidos y de otros países de Sudamérica. El botánico y oficial de las SS responsable del robo de los bancos de semillas de Vavílov se llamaba Heinz Brücher y acabó de catedrático de genética y botánica en la Universidad Nacional de Tucumán. Luego trabajó en Caracas, Asunción, Mendoza y hasta en Pretoria. Recordemos que en todos esos países vivieron bien protegidos elementos como Josep Mengele o Adolf Eichmann. Perón y Franco mantuvieron a salvo a muchos de estos tipos. Las investigaciones agrícolas de Brücher prosiguieron en un pueblo llamado Ugarteche, en la Provincia de Mendoza, en su finca «Cóndor Huasi», en la que se erguía la escultura de un aguilucho nazi. Ahora estaba muy interesado en la genética de las patatas y también sobre ciertos hongos que atacaban a las plantas de coca.

En diciembre de 1991 lo encontraron maniatado y ahogado con una cuerda. Heinz tenía 76 años.

Por el contrario, la memoria de Vavílov, su prestigio, sigue muy vivo. Sus teorías sobre los «centros de origen y la diversificación de plantas cultivadas» siguen provocando investigaciones interesantes. El «Instituto de Investigación en Industria Vegetal» fue renombrado con su nombre en 1968. Los cuadernos de notas de su viaje por España y por otros países se publicaron en 2015 con el título de *Cinco continentes* por la editorial Libros del Jata. Ese cuaderno lo había escondido su secretaria arriesgando su vida.

Detrás de un pan cualquiera, como este de Ramallosa hecho con centeno que ahora comparto con Guillermo, hay mucha historia, varias novelas de aventuras y algún pequeño acto de justicia.

Tampoco hubiera sido mal nombre haberte puesto Nicolás.

Campo de trigo en el centro de Manhattan.

6

TRAMPAS AL SOLITARIO

¿Mundo sostenible? ¿Cambiar **absolutamente** nuestro modelo energético en cantidad y calidad dejando de quemar petróleo y utilizando energías renovables? ¿Dejar de extraer y destruir los recursos biológicos permitiendo su regeneración paulatina? ¿Permitir que la naturaleza digiera a su ritmo nuestros residuos y basuras? ¿Reciclar todas las materias primas industriales y los minerales que ya están en circulación en nuestra economía sin extraer más? Rascas en los datos anuales de consumo de gas, petróleo, uranio, minerales escasos...; indagas sobre la situación de los vertidos y la contaminación por plásticos, el estado de los grandes bosques del mundo, la fauna marina y terrestre, los suelos fértiles, la desertización, los acuíferos y los ríos...; miras esos datos desde la perspectiva temporal, por ejemplo, de los diez últimos años, datos publicados, de fácil acceso, sencillos de entender en su dimensión de agotamiento y catástrofe, de aniquilación y derroche…, y descubrimos que ese «mundo sostenible» o consumo o desarrollo o progreso *sostenialgo* es solo, nunca mejor dicho, humo, gas, retórica.

De nuevo me sale la vena funebrista. Nuestra charla de ayer sobre el pobre Vavílov me ha recordado hoy a la artista plástica Agnes Denes, que dejó la pintura y los lienzos para pintar algo más grande y precioso. Montó en 1982 «Wheatfield - A Confrontation: Battery Park Landfill, Downtown Manhattan - Blue Sky, World Trade Center». La macroinstalación consistía en que durante cuatro meses Agnes plantó, cultivó y recolectó un campo de trigo en un terreno de casi una hectárea (unos 8.094 m²) situado frente a Wall Street y las Torres Gemelas. Un solar feo, un vertedero lleno de mierda, se convirtió de repente, por un tiempo, en un campo de cereal dorado en medio de la grisura y el cristal de Manhattan.

En 1992 Agnes comenzó otra intervención ambiental participativa en una zona deforestada de Finlandia llamada «Tree Mountain-A Living Time Capsule». 11.000 personas plantaron 11.000 pinos y gestionaron el marco legal para que ese bosque no fuera tocado durante 400 años. Sus ideas fueron fértiles y décadas después, por todo el mundo, se plantaron huertos urbanos en solares abandonados, se recuperaron ríos y bosques de ribera que cruzaban ciudades y los espacios verdes urbanos adquirieron una importancia social y ambiental fundamental, no solo como adorno paisajístico del abundante cemento y el asfalto. También en Madrid. La Denes debe tener ahora más de 90 años. Otras y otros antes que nosotros hicieron y pensaron lo que ahora nos parece tan nuevo. El adanismo es propio de ignorantes. Los que ahora son ancianos tuvieron una vez treinta o cuarenta años como la Agnes de la fotografía que te he buscado en internet, con su pelazo rizado y rubio al viento caminando por ese trigal dorado en medio de Manhattan.

Tú mismo tienes algo de aquella artista. Le digo a Guillermo. Porque en el último paseo por el norte recogiste un puñado de bellotas del suelo. Luego las plantaste en unas macetas en arena húmeda y en apenas dos meses ya tienes unos pequeños robles que crecen a ojos vista. Mientras tanto quemamos de todo en la estufa que acabo de instalar en mi pequeña casa del pueblo. Troncos de encina de entresaca, picón o carbón vegetal, También podía quemar, como en Asia, excrementos de herbívoro, astillas de madera o *pellets* de biomasa. Quemamos de todo. Luego tenemos la turba, el lignito, la hulla y la antracita. Después el butano, sus primos y el ubicuo petróleo (no hay cosa que mires ahora mismo que no tenga detrás esa sustancia para hacerla o transportarla, hasta esos huevos ecológicos o este panfleto).

Montañas de CO_2, somos insostenibles y lo sabes. También sabes que un árbol almacena 22 kilos de ese CO_2 al año. Pero no hay equilibro entre la naturaleza que propiciamos y la que destruimos por nuestra mano o por delegación. Mientras tanto, hoy mismo, se encienden miles de estufas en las terrazas de Madrid quemando gas (butano, propano) para que los turistas, y los aborígenes que pueden gastar dinero en ocio, ocupen un trozo de acera pública para tomar una copa y una croqueta industrial, una ensaladilla trampantojo o un puñado de cacahuetes y gominolas a precio de caviar. El fuego es el reclamo de todo lo demás, porque calentar va a calentarte bien poco ese invento. Me dices que dentro de poco este absurdo derroche estará prohibido. Seguro que en lugar de gas pondrán estufas eléctricas o de *pellets* y nos dirán que esa energía proviene de «fuentes sostenibles». Casi prefiero el gas, al menos con el gas no hace falta que nos creamos esas trolas de «crecimiento sostenible», de «lavado verde», de «energías renovables» y todo lo demás. Otras terrazas que ocupan las aceras ponen mamparas de plástico transparente, techos, suelos aislantes. Algunas no ponen nada, los consumidores se sientan a cuerpo y con abrigo propio. El clima frío de Madrid ya no es lo que era. Será la inercia térmica urbana, el efecto isla de calor o el calor humano de la fiesta y el alcohol. Algo bueno tendrá el dichoso calentamiento global , unas cervecitas en enero, sentados en una terraza y casi en manga corta.

Se habla mucho en los telediarios de hoy de este nuevo Green New Deal, Agenda 2030, reciclaje, desarrollo sostenible y de nuevo surgen los debates entre los apocalípticos y los integrados, los colapsistas y los posibilistas... Leo entonces a Guillermo los títulos que había inventado para este panfleto: «*La cuestión más caliente*», «*Futuro Ayer*», «*Panfleto contra mi vida civilizada*», «*El desierto que seremos y viceversa*», «*No te va a gustar ningún apocalipsis*», «*Ese futuro caliente, tan poco sexy*», «*Panfleto para leer en el futuro a las generaciones pasadas*», «*Regreso al planeta que fue azul pálido*», «*El cambio climático ya está aquí, prepárate*». Todos obvios. No demasiado brillantes. Luego estaría el suyo, el de «*Vaya mierda de mundo que no habéis dejado*». Se ríe. Es verdad que por fin el fenómeno del calentamiento global ha desatado en cascada toda una serie de medidas gubernamentales, nacionales e internacionales, políticas, económicas y sociales que afectan y van a afectar un poco la vida cotidiana de la ciudadanía.

También se ha producido un fenómeno de sobreinformación en los medios de comunicación amplificado por unos estilos de periodísticos sensacionalistas, divagantes y contradictorios. Hay mucho ruido mediático subvencionado por *lobbies* interesados en no cambiar el sistema y apoyados por determinados partidos políticos que no voy a citar, esto ha generado mucha confusión y desconfianza en la ciencia. Por otra parte, y por fortuna, algunos científicos expertos han cruzado la línea de su trabajo en la sombra y han sentido la necesidad de comprometerse y salir a la palestra de todas las polémicas para luchar contra la confusión y enfrentarse al negacionismo del calentamiento global ... sin demasiado éxito. Porque la ciudadanía, a pesar de todo esto, se sigue manteniendo en la indiferencia, el conformismo, el borreguismo, el negacionismo o el fatalismo hacia este tema que, sin embargo, se considera «de importancia global y fundamental para el futuro de la humanidad».

Hace ya algunos años que el calentamiento global ya no es una hipótesis científica escondida entre las miles de páginas de los informes del IPCC (Panel Intergubernamental sobre el Cambio Climático) y los Gobiernos occidentales están aprobando toda una serie de medidas, de restricciones y de cambios mal entendidos, muy exagerados para algunos, cosméticos o tímidos o insuficientes para otros. Los medios de comunicación proponen o exponen con cierto sensacionalismo el famoso «apocalipsis climático» que está a punto de llegar y, como no llega del todo, la ciudadanía se va aburriendo del asunto o lo asume como algo irremediable, imprevisible, lejano todavía, impreciso, cuando no exagerado y falso. Así que nadie quiere cambiar el «estilo de vida» actual, consumiendo menos y decreciendo, pues ello implicaría, por ejemplo, no irse de vacaciones al Caribe o no comprar esos ricos langostinos y filetes que vienen de la otra parte del mundo. Ya hemos dicho que el cambio eficaz debería ser global, mundial, casi unánime; pero las grandes potencias, las que más consumen y contaminan, ni tan siquiera se plantean reflexionar sobre sus modelos de crecimiento y consumo con el fin de reducir la velocidad con la que nos abocamos hacia un escenario insostenible, hacia un futuro ¿suicida? Además, las personas que viven en los países menos desarrollados y que desean vivir como nosotros, tampoco van a renunciar a sus aspiraciones.

Todas las revoluciones fueron pesadillas desastrosas y pensamos que el «realismo capitalista sin alternativa», ya explicado por M. Fisher, es lo único que funciona. Además los científicos del IPCC son hiperprudentes con cualquier prospectiva. Eso de que se elevará la temperatura «un grado y medio o dos o tres» sigue sonando a poca cosa. Este librín pequeño, caótico, panfletario, literario, no va a cambiar nada, no va a servir de mucho, o sí: ¿más papel deforestando bosques?, ¿más tinta contaminando el mar?, ¿más confusión para los apocalípticos, los negacionistas, los preparacionistas, los aparicionistas, los ecologistas radicales, los tecnoptimistas?, ¿más votos para el Partido Turístico, el Partido Inmobiliario, el Partido Agroindustrial, el Partido Extractivista y el Partido Marcianista del Elon Musk? Ya oigo sus argumentos: *«Ya inventaremos algo»*, *«La tecnología y la ciencia siempre encuentran soluciones»*, *«El coche eléctrico, la energía eólica y la solar»*, *«El clima de la Tierra siempre ha cambiado»*, *«Colonizar Marte o rezar algo»*…

Tras leer estos últimos párrafos, Guillermo me reprocha que todo eso no es muy panfletario. Suena a lamentación de sociólogo dolido. *Una y otra vez la misma matraca*. Me dice. Pero sigo.

¿De verdad nos creemos eso de que podemos seguir viento en popa a toda vela con este estilo de desarrollo gracias a las nuevas energías renovables? ¿La separación de basuras por cubos de colores y comer lentejas en lugar de pollo? ¿Fuentes de energía renovables?, es decir: minería del aluminio, el cobre, las tierras raras, el litio…, gastar muchísima energía para tratar a altas temperaturas el cuarzo con el fin de crear placas de silicio. O para fabricar el carbono y las resinas de las palas de los aerogeneradores. Gastar también muchísima agua en todos estos procesos y generar miles de toneladas de residuos tóxicos. Todo esto a vuela pluma, sin introducir en la ecuación que la duración de placas y palas es de menos de veinte años, sin pensar que las baterías de litio duran mucho menos y el reciclaje de todo esto es anecdótico.

Me temo que España va a pasar de ser una colonia turística a una futura colonia productora de energías renovables con millones de hectáreas ocupadas por placas solares y generadores eólicos. Este modelo de Renovable Eléctrica Industrial en poco se diferencia de las grandes petroleras, la filosofía monopolística, el capital que lo mueve, el ladroneo y el destrozo minero es el mismo. Pero no nos pongamos estupendos por unas estufitas en las terrazas, que el turismo es una de las maravillas de nuestra economía y la del mundo entero.

Incluso ahora, en esta pantalla donde ves las letras (que todavía no se han impreso en un papel), también hay minería y refinado de litio, rodio, silicio, cromo, tántalo, paladio, trabajo esclavo, fotolitografías robotizadas de microcircuitos, fabricación de micro y altavoz, pantalla de cristal finísimo, chapa de aluminio, casi treinta plásticos diferentes, asépticos laboratorios de montaje de microchips, infraestructuras de repetición de señal, servidores en la nube, redes eléctricas estables y mil tecnologías más que ni adivino y que gastan una enorme cantidad de agua y de energía siempre nada «sostenible».

Es sábado por la mañana y me voy a dar un paseo al parque del barrio, libre de estufitas de esas. Ha salido el sol y no hace mucho frío. Me llevo el libro de mi amiga Virginia Mendoza, ese de *La Sed* que he citado antes. Detrás de este libro hay papel, tinta, una imprenta, algo de hilo; también se ha sofisticado e informatizado su fabricación. Esto me trae a la memoria que mis hijos, en el cole, con diez años, aprendieron los rudimentos de fabricar papel, tinta y una imprenta *gutemberina*. Es cierto que les salió un libro cutre y primitivo, pero era un libro funcional, como cualquier otro. Prueba a fabricar en tu casa un móvil o un ordenador o internet y a hacerlo funcionar el día después del apocalipsis. El libro de papel sigue siendo un objeto perfecto, no necesita electricidad para estar activo, no sufre de obsolescencia programada y aguanta el polvo, el café caliente y el olvido sin que se estropeen sus funciones básicas: poder ser leído, transportado de acá para allá, prestado, regalado y guardado hasta el siguiente uso dentro de un año o de tres siglos. Sostenible, renovable y verde es este libro al que podría decir: «*Nos queremos, nos respetamos, todo lo demás, merde*».

Sí, Guillermo, tal vez tu gesto del otro día no es nada, pero tus pequeños robles siguen creciendo. Sé que los replantarás y cuidarás los plantones luego en el campo. Esperas que alguno sea, años después, un árbol grande. Mientras tanto ves crecer sus tiernas hojas, embellecer nuestro horizonte feo y urbano, descubrir que la vida, la tuya, la nuestra, también es todo esto, hoy tan pequeño. Por eso me alegra que tus bellotas y Agnes y los naranjos de mi abuelo me hayan traído también a la memoria a mi profesor Alfonso Ortí, un brillante investigador y sociólogo que acaba de morir este año. Te cuento que una vez realizó una investigación para la Agencia Publinova, encargada por Unión Española de Explosivos, que luego sería Unión de Explosivos Río Tinto, luego Fesa-Enfersa, Ercros, Fertiberia… Se trataba de realizar una campaña a favor del uso de fertilizantes químicos porque los agricultores españoles de entonces, siglo XX, años 70, preferían el abonado orgánico, o caca de bicho: vaca, oveja sobre todo, también cabra o nitrato de Chile, un abono también natural compuesto por nitrato de sodio cuyo origen eran las enormes montañas de cacas de aves marinas, de dos o tres metros de espesor que se habían ido acumulando durante miles de años en América del Sur, en el salar de Uyuni en Bolivia y en la zona norte de Chile. Hoy esos carteles hechos con azulejos pegados con cemento en los muros de muchos pueblos de la España rural son considerados un bien de interés cultural. Bien, pues en las encuestas salía que los agricultores pensaban que el abonado era fundamental para aumentar la productividad y la rentabilidad de los cultivos pero no se sabía por qué tenían tantas reticencias a utilizar los modernos abonos químicos que les quería vender la industria. Alfonso realizó una ambiciosa investigación cualitativa y descubrió las motivaciones profundas hacia el abonado orgánico así como la relación afectiva e íntima que existía entonces entre el agricultor español y su tierra. Era necesaria por tanto una campaña que se saliera de los discursos científicos y tecnocráticos, utilitaristas y racionales, un eslogan que explicitase esa relación ancestral y apasionada del agricultor español con la tierra. Era una relación intensa, inmersiva, que conectaba mucho con el concepto «madre», la pachamama que tenían los agricultores indígenas de América o la gaia de los ecologistas radicales de hoy.

La nueva campaña de publicidad y la estrategia de *marketing* que salió de su investigación se condensó en: «*¡Dele a la tierra lo suyo!*». Y fue un éxito.

Hoy no se concibe la agricultura intensiva sin la industria petroquímica y, si se utiliza el abono orgánico en forma de purines regados en los campos, es como estrategia para deshacerse de unos residuos de la ganadería intensiva que contaminan los acuíferos, no por considerar que se esté abonando mejor. De hecho se usan a la vez unos y otros.

La renta agraria sigue siendo limitada y subsidiada por la PAC; cosecha tras cosecha ascienden los gastos en insumos petroquímicos, semillas patentadas, equipos y sistemas, pero, sin embargo, no aumenta el beneficio para quien trabaja la tierra. Al contrario, la globalización, la financiarización de los mercados de futuros y el oligopolio de la gran distribución tiene prisionero al agricultor, atado en una noria infernal que reventará, ya está reventando, cuando el precio de dichos insumos petroquímicos se multiplique de pronto por una crisis de transporte mundial o una guerra o cuando el agua escasee, pero esa es otra historia que ya hemos contado antes.

No hay día que los alumnos y alumnas de Alfonso Ortí no nos acordemos de su docencia y también de su militancia política y pedagógica, de las contradicciones ideológicas que tiene siempre el trabajo de sociólogo, y sobre todo del fino humor, la elegancia y la pasión que ponía siempre en todas sus clases. *«¡Dele a la tierra lo suyo!»*.

7

ESCUCHEMOS A DON PEPITO GRILLO

Aunque el negacionismo sobre el origen humano del calentamiento global producido por nuestras emisiones de CO_2 desde hace más de cien años sigue muy vivo, sus argumentos antes y ahora no soportan las toneladas de datos que corroboran el hecho y que están disponibles en las más prestigiosas revistas científicas de todos los campos. No corresponde a un panfleto ofrecer y argumentar lo que se puede leer en *Nature,* en *Science* y en los diversos informes del citado y también criticado Panel Intergubernamental sobre el Cambio Climático (IPCC), ese grupo de científicos reunido por las Naciones Unidas para revisar y evaluar toda la ciencia global relacionada con el cambio climático. Le digo a Guillermo que ahora estamos aquí en el papel de Pepito grillo, mosca cojonera o conejo de *Alicia en el país de las*

1

maravillas, con el reloj en la mano diciendo aquello de *¡Ya llegamos tarde!, ¡vamos, que hay prisa!*

Así que comencemos por ahí, por cualquier grillo.

Hace un rato estábamos en Daimiel, uno de los pocos humedales manchegos que aún existen aunque su futuro, a pesar de ser una zona protegida, un Parque Nacional, es incierto. ¿Incierto?, incertidumbre es una palabra que se utiliza mucho en los informes del IPCC. Para un científico significa que aún no se tienen pruebas suficientes sobre una cuestión de la que ya se tiene una sólida hipótesis. Para un ciudadano como yo o como tú significa un *puede que sí o puede que no…*, y ante esta tesitura muchos se inclinarán hacia el falso optimismo y pensarán, *venga, no seas apocalíptico, seguro que al final no se seca, ¡seguro que en algún momento encontrarán alguna solución!* Así que esta palabra, «hipótesis», no es muy adecuada para utilizar en este panfleto. Es una palabra engañosa. Pongamos mejor que Daimiel desaparecerá en pocas décadas porque el acuífero que lo llenaba de agua está ya a muchos metros de profundidad, porque el río Guadiana apenas tiene agua y está casi siempre seco antes de entrar en el parque, y porque el humedal sobrevive de los aportes artificiales de agua del río Tajo y la extensión de sus áreas inundadas son año tras año más reducidas. El origen de todas estas causas es *humano, demasiado humano* y a estas hay que sumar que el calentamiento global producirá que la agricultura que bebe del acuífero tenga mucha más sed y precise de más agua, que las olas de calor resecarán con rapidez esas tierras, que la humedad del suelo se evaporará con más rapidez y que el agua que encharca ese parque y su humedal será historia, futuro ayer.

Pero hablemos de un grillo antes de hablar del hielo de los polos, la elevación del nivel de los mares y otros asuntos menores. Asómbrate. En las arenas hipersalobres de Villacañas y Quero en Toledo, en las de Pozuelo de Calatrava, Pedro Muñoz, Alcázar de San Juan de Ciudad Real y Mota del Cuervo vive un grillo que se descubrió en 1893, el *Gryllodes kerkennensis*. Su nombre común hace honor a su canto y al sentido preciso y precioso que tiene la gente de campo para nombrar lo vivo: por allí se llamaba «grillo cascabel de plata». Su canto nupcial, a coro, porque se reúnen diez o veinte grillos cantando, suena igual que esos cascabelillos de plata de los sonajeros nobles y antiguos. ¡Quien los oye, una noche de primavera, nunca lo olvida! Alguien dirá, *¡Va!*, *¡solo es un grillo! Un Pepito grillo ¡Eso no vale nada!* Pero sé que para ti vale igual este grillo, y los lugares en los que vive, que el soberbio tigre del Caspio, la pantera nebulosa o el rinoceronte indio, porque el valor de lo vivo, escaso, casi extinto no tiene precio. O nunca lo tuvo. O nunca debió tenerlo.

Aunque don Pepito grillo, la original, era Pepita y se llamaba en realidad Eunice Newton Foote, una norteamericana que en el remoto año de 1856 fue la primera científica que explicó en una comunicación y que demostró con un preciso y sencillo experimento de laboratorio que pequeños aumentos en la concentración de dióxido de carbono de la atmósfera de la Tierra provocarían un calentamiento global significativo. Su comunicación es fácil de encontrar en internet. Se titula nada menos que «Circumstances Affecting the Heat of Sun's Rays» y se publicó en página y media en el *American Journal of Art and Science*. La verdad es que Eunice no necesitó sofisticados sensores ni globos estratosféricos ni potentes ordenadores para procesar millones de datos. Utilizó cuatro termómetros, dos ampollas de vidrio y una bomba manual de vacío. Aisló los gases atmosféricos y los expuso a los rayos del sol. Al comparar los cambios de temperatura descubrió que el CO_2 y el vapor de agua absorbían suficiente calor como para que el clima global de la Tierra pudiera cambiar si estos gases estaban en una concentración determinada. Describió el efecto invernadero mucho antes que cualquier otro investigador de su tiempo. Poco después el sueco Svante Arrhenius calculó con precisión el efecto del CO_2 en la temperatura del planeta; más tarde, Guy Callendar identificó una tendencia al calentamiento global y, ya en el siglo xx, Charles Keeling se dedicó a medir las concentraciones de CO_2 en la atmósfera de Hawaii. No te cansaré con más nombres. A partir de ahí la catarata de estudios, investigaciones y experimentos ha sido imparable. Un negacionista es solo un ignorante.

Hasta aquí el Pepito grillo y ahora la mosca cojonera. Moscas, mosquitos, garrapatas, protozoos, lombricillas, bacterias que gracias al calentamiento global van a poder vivir y prosperar por aquí, cerca de tu casa, y te transmitirán, por ejemplo, la malaria más grave, la úlcera de Buruli que se comerá tu carne como un tiburón, la enfermedad hemorrágica de Crimea-Congo que hará que mueras desangrado, el dengue o chikungunya que te dejarán postrado en la cama, la criptosporidiosis, la giardiasis y todo tipo de nuevos parásitos repugnantes que ahora solo sufren las gentes del sur, de los climas más subtropicales. Pasará, ya está pasando. Incierto, incertidumbre, ¿puede que sí, puede que no? Se están derritiendo los glaciares y las masas polares de hielo, subirá el nivel del mar, muchas ciudades costeras e islas bajas se irán inundando, se incrementarán las sequías, las olas de calor, las tormentas y los huracanes, también los incendios, miles de hectáreas hoy fértiles serán un desierto, millones de especies animales y vegetales no podrán adaptarse a estos cambios tan rápidos y se extinguirán, los ecosistemas cambiarán...; pongamos un ejemplo, se está produciendo ya una acidificación de los océanos al absorber el agua del mar parte de ese CO_2, así que innumerables especies marinas también se extinguirán, entre ellas los corales de la gran barrera de coral Australiana y tras su extinción desaparecerá toda la vida marina de ese ecosistema. Las moscas cojoneras es lo que tienen.

Dejemos hablar ahora al conejo apresurado de *Alicia en el país de las maravillas* para que nos cuente qué pasará en este planeta de la Reina de Corazones que es el nuestro. En menos de treinta años, habrá un incremento exponencial de las zonas áridas del planeta. Las sequías, las inundaciones y los cambios en los patrones de lluvia afectarán (ya afectan) a la producción agrícola, amenazando la seguridad alimentaria a nivel mundial. Habrá escasez de agua potable y de alimentos, guerras y revueltas, desplazamientos y huidas de 250 millones de personas desde países en los que la tierra se habrá vuelto estéril y donde no se podrá soportar durante semanas los 45 °C a la sombra. La productividad de cultivos disminuirá entre un 30% y un 80% en muchas regiones del mundo. Las olas de calor producirán 250.000 muertes al año. La escasez de agua afectará a 2.800 millones de personas. Un 30% de las especies de plantas y animales se extinguirán. Todos estos pequeños desastres le van a costar a la economía mundial unos 20 billones de dólares. El conejo de Alicia siempre fue un tipo estresado, muy pesimista y muy amigo del dato.

Cuando lee todo esto Guillermo me reprocha que es lo de siempre. Todo eso ya lo ha oído y leído mil veces en mil sitios distintos. Dice que le gusta más cuando le cuento las historietas de Agnes, de Benjamin, de Vavílov o de Eunice. Además, se inquieta, se supone que aquí debería explicar o apuntar alguna razón por la cual no hacemos nada, alguna idea que expliqué por qué nos conformamos con las pequeñas reformas, con los paños calientes que dicen que pondrá el Gobierno en una famosa agenda 2030.

Vale, una reflexión. Las dos grandes revoluciones de las que tenemos memoria, la Revolución francesa y la Revolución de Octubre las desencadenó el hambre, madres francesas, madres rusas, que no tenían pan para dar a sus hijos, que no tenían por lo tanto nada que perder. Sin embargo, en la actualidad ambas revoluciones se ven como fracasos violentos, como intentos de tocar utopías; solo el citado realismo capitalista, ya sea con la democracia liberal o con la dictadura burocrática china, parece que ha mejorado la vida de millones.

Espera, ¡también sigue pendiente que cuente cómo parar esta forma de vivir! Dejar de emitir CO_2, metano y los otros gases de efecto invernadero. Sobre todo dejar de quemar carbón y petróleo. Guillermo me dice que no escriba eso porque entonces parece que me ha esponsorizado este panfleto el tipo de Tesla, que estoy incitando a que tiremos nuestros cochecitos de gasolina y los sustituyamos por un flamante coche eléctrico…, y sin embargo, se sabe perfectamente que no hay litio en el mundo para tanto coche a pilas. Además, el petróleo quemado o transformado está en todas partes, en todos los objetos que tienes a tu alcance, en el jersey que llevas puesto, en las losetas de la acera de la calle que estás pisando, en el cepillo que has usado para peinarte esta mañana, en los cristales de tus gafas, en el teléfono móvil, en la lechuga que nos hemos comido y también en el filete y en el libro que estas leyendo. No hay nada de lo que te rodea, que consumes, que compras, que usas, que tiras, que deseas que no haya quemado petróleo en alguna o en todas las fases de su proceso de fabricación o en su transporte.

Hemos inventado diversas calculadoras más o menos precisas para medir la cantidad de CO_2 emitida por esas cosas, cualquier cosa, para luego hacernos alguna trampa al solitario y equilibrar esa mancha con determinadas medidas compensatorias. Incluso se inventó un mercado mundial para que ciertos países (pobres) pudieran vender a ciertos países (ricos) los porcentajes autorizados de CO_2 que no emitían, y así poder seguir contaminando. Este sistema, este peculiar mercado, es más sofisticado que como lo he contado en una frase, pero funciona como te digo. Las empresas pueden comprar y vender derechos de emisión entre sí y el precio de esos derechos lo determina la oferta y la demanda. Se llama Emissions Trading System o Cómo Hacernos Trampas al Solitario con el CO_2 o Cómo el Capitalismo Puede Vender tu Futuro (y a tu madre, si fuera necesario) de forma legal, segura y limpia.

Sabemos todo esto. Todo el mundo sabe que el calentamiento global lo producen los gases que llevamos emitiendo hace más de un siglo quemando combustibles fósiles. Sabemos que todo el sistema económico mundial que empuja eso que llamamos *progreso* y *desarrollo* se sustenta en esto. También sabemos que el calentamiento global está afectando y va a afectar de forma grave a todas las formas de vida que existen, incluidos los seres humanos. A partir de ahí surgen las dos preguntas claves a las que aún no he respondido.

¿Qué hacer?

¿Por qué no hacemos nada?

Sobre el qué hacer la respuesta es obvia: dejar de emitir, reducir esas emisiones al mínimo, hacerlo rápido, de forma global. ¿Pararlo todo? Los científicos más comprometidos sugieren, explican o reivindican que la única solución es *decrecer*, cambiar la idea de progreso y de desarrollo que tenemos por otra muy distinta, inventarnos otro sistema productivo que no sea el que ahora tenemos: gastador, destructor, despilfarrador, desigual y profundamente injusto.

Comenzar a pensar en un sistema radicalmente distinto, un sistema económico, social y político mundial. Parar los sectores productivos que derrochan energía y recursos, impulsar los que son realmente sostenibles, diseñar una economía circular de verdad, promover un sistema social mundial más equitativo, reducir la jornada laboral y, a partir de ahí, el etcétera de propuestas está por pensar.

¿De nuevo una utopía de esas?

Otros científicos o más bien economistas, sociólogos, políticos piensan que no es posible otro sistema. Afirman que *decrecer* es imposible, llevaría los indicadores de desarrollo y el nivel de vida de la gente a momentos preindustriales, medievales, incluso más atrás. A un modelo económico de mera subsistencia y a un sistema político global de corte autoritario. Partiendo de ahí proponen otras soluciones.

La transición a una economía verde que se concreta en hacer compatible el crecimiento económico con la sostenibilidad ambiental utilizando otras fuentes de energía que no sean fósiles; el impulso de las fuentes de energía renovables como la solar, la eólica y la geotérmica; la reducción del consumo de recursos; la disminución de los residuos mediante la reutilización, la reparación y el reciclaje de materiales; el diseño de una sociedad más justa y equitativa que satisfaga las necesidades básicas de las personas y respete los límites ecológicos del planeta; la reducción de la huella ecológica del transporte y del consumo de bienes y servicios no esenciales, a la vez que la mejora y la universalización de los bienes y servicios esenciales, como la salud, la educación, la alimentación y bla, bla, bla, bla, bla, bla...

Guillermo refunfuña. *¿No decías que no ibas a escribir un ensayo? ¡Esos párrafos anteriores apestan a ensayo! Me aburren los ensayos. Ya hay muchos ensayos. Ya has visto que hay hasta un estantería exclusiva en muchas librerías dedicadas al «Ce Ce».*

La gente lee estos ensayos o no, se incomoda, se estresa, padece eso que se llama *ecoansiedad*, el miedo a sufrir ese cataclismo ambiental que auguran algunos medios de comunicación, la angustia de pensar cómo les irá en ese planeta *socarrat* a sus hijos. También sufren *solastalgia*, el palabro describe la angustia, la tristeza, la desolación que se siente al presenciar la destrucción o el deterioro de un espacio natural como un bosque salvaje, el río de un pueblo, la extinción del loro kakapo, la vaca marina o el orangután de Sumatra rodeado de plantaciones de palmeras para producir el aceite de palma de nuestra bollería. Otros se encogen de hombros y pasan a leer algún novelón de romanos, como *Los últimos días de Pompeya*, un apocalipsis de verdad, mucho más entretenido, veloz, total y no este apocalipsis mimimi, tan lento. A la gente le gusta el espectáculo, el volcán reventón, el tsunami que se lleva a un millón de turistas playeros, el meteorito dinosauricida, la tormenta solar que fríe todos los sistemas eléctricos del mundo y provoca el gran apagón.

La mayoría no sufrimos ni de solastalgia ni de ecoansiedad. Y si hacemos algo, poco, mal, como separar las basuras en cubos de colores, hacer las duchas más breves, comer menos carne o no entrar en la ciudad con nuestro precioso y anticuado coche de gasolina, es porque nos obligan o nos amenazan con algo concreto.

¿Por qué no hacemos nada? ¿Por qué no exigimos a nuestros Gobiernos que se hagan cambios drásticos? ¿Por qué no tomamos la Bastilla del clima? Como mucho algunos se pegan las manos a un cuadro de Picasso como forma de protesta o echan pintura roja a un cuadro de Monet o salsa de tomate a uno de Van Gogh. Aquí en España un grupo de científicos denominado *Rebelión Científica* manchó con tinta verde y morada biodegradable la fachada del Congreso de los Diputados para protestar por la pasividad del Gobierno ante la crisis climática y creo que quieren meterlos en la cárcel. Llevaban dos pancartas que decían: «Ciencia rebelde por la vida» y «No hay planeta B». Científicos, pintura biodegradable, pegamento, salsa de tomate en un cuadro. ¿Dónde está la guillotina? La gente se encoge de hombros. No hace nada. No hacemos nada. Lo repito. Tú el primero.

SE PARAN LOS RÍOS DEL MAR

He dormido mal. He tenido pesadillas. Sin sufrir de *solastalgia* o ecoansiedad, no me deja intacto pensar y escribir acerca de todo esto. He soñado un futuro en el que el Gobierno de mi país, para evitar las miles de muertes que producen las olas de calor, ha inventado una aplicación que nos avisa horas antes a través del móvil: *¡Atención, enciérrese en su casa y ponga a tope el aire acondicionado!* Luego leo en la prensa que, para este verano, el Gobierno, con el Instituto de Salud Carlos III, va a lanzar un sistema de avisos por temperaturas extremas para reducir los fallecimientos por esta causa. Ya no se puede inventar nada, ni siquiera dentro de las peores pesadillas. Una vez más la realidad supera la ficción. En otros muchos países han organizado sistemas de avisos ciudadanos similares, como si la gente ya no supiera que a 45 °C a la sombra vivir no es muy cómodo ni muy saludable.

Salgo al campo al amanecer. Guillermo duerme. No se ve a nadie de todos esos millones de personas que he dicho que pisan el planeta. Todavía hay rincones poco habitados. Anda cada cual a su afán y su sino, lejos, en las ciudades de por ahí, no en este rincón de la España Vacía sin nubes marrones y atascos por la mañana. Aunque sé que ahora mismo una parte de esos 1.474 millones de coches que hay en el planeta estará arrancando y quemando unas gotas de gasolina y gasoil, por ejemplo, los 226 millones de automóviles que circulan por Europa. No son pocos, eso es mucho humo. Con cualquiera de esas IA que acaban de lanzar podría calcularlo. Prefiero no calcular ese número, esas toneladas de gases tampoco me explicarían gran cosa. Aquí ni siquiera veo ahora aviones por arriba fumigando a los conspiranoicos o transportando a turistas. A lo mejor ya es el apocalipsis nuclear o zombi o pestífero y no me he enterado. No me veo alimentándome de barbos, ortigas, setas y endrinas, haciendo fuego con la yesca y cosiendo un disfraz de Robinson Crusoe con cuatro pieles de cabra. Me da un poco de pereza. Al menos hoy.

Es enero y no hace frío a pesar de ser las nueve de la mañana. Me quito la chaqueta. Casi hace calor. Me quedo en manga corta. Es enero y no, no es por el cambio climático. Por estas latitudes a veces pasa esto. O sí. Seguro que luego en la televisión dicen que este «buen tiempo» es por el calentamiento global . ¿Será este buen tiempo un óptimo climático? El más reciente *óptimo climático* duró desde el año 900 al 1300 d. C. Las temperaturas en Europa y América del Norte fueron varios grados más altas de lo que son hoy. Buenas cosechas, clima estable, aumento de la población, optimismo social. Luego llegó la *Pequeña Edad del Hielo* entre el 1300 y el 1850. Los glaciares crecieron, los ríos se congelaron, malas cosecha, hambrunas, pestes, revoluciones, pesimismo social. Estos cambios los citan mucho los negacionistas para argumentar que el clima ha cambiado por otras causas muchas veces, que no ha sido culpa de su todoterreno de gasolina. O dicen que el CO_2 es estupendo para las plantas, que las plantas aman el CO_2.

A veces lo argumentos son igual de falaces pero más sofisticados. Hace 300 millones de años, en el periodo llamado Carbonífero, el planeta estaba lleno de helechos arborescentes, la Tierra era una selva, no un desierto. Por aquella época remota las concentraciones de CO_2 rondaban las 1.000 partes por millón, mientras que hoy en día son tan solo de 420, una miseria. Y este es el momento en el que el negacionista yanqui o foráneo (que llevan en el cristal del coche una etiqueta con un corazón dibujado en la que pone «I Love CO_2») acelera su camioneta pickup GM de seis cilindros.

Estados Unidos es el segundo país en emisiones de CO_2 después de China. Sus emisiones siguen aumentando año tras año y su Gobierno retiró su apoyo al Acuerdo de París sobre el Cambio Climático. Yo más y tú peor, «I Love CO_2».

Óptimo viene de optimista. La RAE dice de óptimo (*optimus*) que es lo «sumamente bueno; que no puede ser mejor», y de optimista que es «quien propende a ver y juzgar las cosas en su aspecto más favorable». Es decir, un loco, un inconsciente, un desinformado, un lirio, un bobo en estos tiempos funebristas de cambio climático, *Oil Crash*, guerras vecinas, pandemias futuras, Ojete Calor, qué mal tan bien y croquetas envenenadas con gluten, aceite de palma, azúcar refinado y glutamato monosódico riquísimo. Pero aquí estoy, optimista y disfrutando de estos veintitantos grados que han llegado en enero. ¿Me debería buscar una de esas pegatinas yankis?

¿Parar?, ¿decrecer?, ¿otro mundo es posible? Viene Guillermo al rescate. Quedó pendiente ayer indagar por qué no hacemos nada. Tal vez porque no tenemos esa libertad. Ya comentamos que ni siquiera nos atrevemos a imaginar otra forma de progreso. Ahora quienes más enarbolan y gritan la palabras libertad en sus consignas políticas son, en el fondo, los más autoritarios. Los politólogos les llaman anarcoliberales. A estos el asunto del cambio climático les parece un invento comunista, globalista, colectivista. Una ficción de la ciencia. Una paja mental. Cuando estos tipos y estas tipas gritan la palabra «libertad» resuena en mí el eco de aquel cura que nos daba música en el instituto: *¡No confundir libertad con libertinaje!* Pero yo era mucho más del libertinaje, claro, más entretenido, más interesante. Años después, no sé por qué, en los anaqueles de aquella maravillosa biblioteca de Ciencias Políticas en la que estudié sociología acabé con la obrita de Étienne de La Boétie entre los dedos. Me pareció la bomba. Lo cité en la clase de Historia de las Ideas y me cayó la del pulpo. Para el marxista-leninista-platónico de mi profesor citar esas 18 paginitas peladas escritas en 1548 por un chaval acomodado de dieciocho años debía de ser lo peor. Yo no entendía por qué el *Discours de la servitude volontaire ou le Contr'un* (un discurso sobre la servidumbre voluntaria o sobre la sumisión voluntaria o sobre la obediencia voluntaria en el que indaga con soltura, elegancia y sencillez dónde está la esencia del poder, la percepción de la legitimidad de la autoridad sobre el pueblo, la posibilidad de la desobediencia, el derecho natural a la insurrección no violenta), incomodaba tanto a mi profe, que era y había sido militante del PCE en los tiempos duros del franquismo.

El *Discours* es un precioso texto ácrata *avant la lettre*. La Boétie murió por la peste a los treinta y tres años y mi peste fue un suspenso en el examen por volver a citar a aquel adolescente y no tener ni pajolera idea de *La República* de Platón, lo que era cierto, recordemos que yo era más de Simón el Zapatero. El mismo año en el que el opúsculo de La Boétie pasaba de mano en mano en Francia, el inmenso Imperio Inca que abarcaba el actual Ecuador, Colombia, Perú, Bolivia y parte de Argentina era disuelto por completo por las armas, los virus y las letras del enorme Imperio español y aquel año también nacía Giordano Bruno, ese singular astrónomo tocahuevos al que quemaron vivo tras cortarle la lengua, eso sí. Hoy lo de cortar la lengua se estila menos, o se hace de otra forma más sutil y efectiva.

Nadie puede decir hoy que esté en contra de la «libertad». Libertad para contaminar, para oponerse a la famosa y tímida agenda 2030, para gritar en contra de las medidas del Gobierno contra el calentamiento global y gritar que eso del cambio climático es un tema opinable. Yo sigo más en el libertinaje. Como decía Gustave Coubert en tiempos de La Comuna Gustave Coubert: *¡Soy partidario del socialismo y de todas sus sectas!* La Comuna sería luego mal historiografiada, vilipendiada, fabulada y utilizada a su interés por los apologetas del socialismo real o por los más rancios conservadores. Pero de toda aquella aventura podemos rescatar tres hechos cristalinos y hermosos todavía hoy, que ironizamos con todo: el primero, la quema de la guillotina en la plaza de Voltaire para simbolizar que no debía de haber jamás conexión entre revolución y cadalso; el segundo, la destrucción de la columna de Vendôme construida para glorificar el imperialismo napoleónico y que fue derribada para condenar la guerra entre los pueblos y para demostrar la fraternidad internacional; y el tercero, la creación de la «Unión de Mujeres para la Defensa de París», que comenzó a reorganizar el trabajo femenino y a luchar por el fin de la desigualdad económica basada en el género.

Cuento a Guillermo, ya metido en esta arena o harina, que antes de esa revolución, Napoleón III el puritano se había liado a bastonazos con la obra *Las bañistas* de Courbet porque en ella se ve el grandioso y muy *charmant* culo de una campesina semidesnuda. Un culo real, verdadero, precioso, alejado de toda idealización femenina. Dejaremos para otro momento *El origen del mundo*. Courbet fue delegado del sexto distrito de París en el Consejo de la Comuna y artífice de la Federación de Artistas. ¿Su grito de guerra?: *¡Hay que encanallar al arte!* Tras el asalto del ejército es detenido en junio de 1871. Va a la cárcel, es torturado, se libra por los pelos de ser fusilado. ¿Y tras salir de la cárcel de qué se acuerda? ¿Qué pinta? Vuelve la mirada a su pueblo Ornans y al río de su infancia. Y pinta *La trucha*. Nada le gusta más al artista que pescar en las frías aguas del Loue. Luego se va al exilio, a la miseria. Muere el 31 de diciembre de 1877 en la Tour-de-Peilz. Pocos días después los cuadros de su taller y sus herramientas de pintor se venden en subasta pública por unos pocos cuartos.

En otros momentos de la historia del mundo otros se atrevieron a pensar diferente. He querido hablarte de estas dos figuras poco conocidas, La Boétie y Coubert, porque veo en sus gestos mucho de lo que han escrito en todos los medios los científicos que echaron pintura en el Congreso con sus pancartas: *No hay planeta B.* Tal vez no hacemos nada porque estamos en estado de *shock* como diría la periodista canadiense Naomi Klein, desorientados. Perdidos: *¿Cómo que el clima va a cambiar tan deprisa por nuestra culpa?* También nos sentimos impotentes: «*¿Qué puedo hacer yo si soy uno entre miles de millones?* Sorprendidos: *¡De verdad!* O incrédulos ante los cambios exponenciales que pueden estar provocando la subida de *solo* un grado y medio o dos grados. O nos puede la inercia y la costumbre de un estilo de vida basado en alcanzar la felicidad a través del consumo. También nos hemos acostumbrado a este *presentismo*, un *carpe diem* barato que hace que no nos preocupe lo que pase con la Tierra dentro de treinta o cincuenta años porque ya estaremos muertos, convertidos en polvo enamorado. O el pesimismo de pensar que al fin y al cabo esto *¡Ya va cuesta abajo hacia la ruina y no hay freno que lo sujete!*

¡Solo es incultura! Replica Guillermo. pero es cierto, no tenemos cultura científica. De los medios de comunicación solo nos llega una información simplona, sensacionalista, llena de ruido y susto. Encima ahora cualquier evento climático extraño

o catastrófico lo achacan al calentamiento global. Luego entrevistan al científico de turno que se deja y le espetan: *¿Verdad que esta inundación, terremoto, incendio, sequía, hambruna o plaga de chinches en hoteles de lujo es a causa del cambio climático?* Y el científico mira con perplejidad hacia la cámara, se excusa, balbucea algo, le arrancan alguna frasecita al uso y las imágenes vuelven a la palmera arrancada, al esqueleto en el desierto, al pez reseco, a las langostas sobre el maíz, al bosque humeante recién carbonizado, a los chinches famosos o cualquier Pompeya moderna. Los avances científicos y tecnológicos son difíciles de comprender y tampoco hemos recibido una buena formación científica básica. A veces me pesa haberle puesto de nombre Guillermo. Hubiera sido mejor llamarle Hermenegildo (un santo).

Y él sigue. *Convertir o resumir o simplificar el complicado y gravísimo problema mundial del cambio climático con la conclusión de que «Pasaremos mucho más calor en verano», o que «Aumentará la temperatura del planeta dos grados de media» está contribuyendo a reforzar los relatos negacionistas.*

Además, es muy posible que tras unas décadas de achicharramiento Europa se congele y no precisamente por una gran nevada o una ola de frío invernal. Puede que los veranos en 2050 estén marcados por temperaturas muy altas, con un larguísimo verano «sumido en sucesivas olas de calor» con valores que podrían alcanzar «fácilmente» 42 °C en Madrid, 44 °C en Bilbao, 45 °C en Valencia y Santa Cruz de Tenerife, y hasta 49 °C se podrían alcanzar en Sevilla y en Córdoba... ¡O todo lo contrario!

¿Cómo explicas tú ahora, a estas alturas del panfleto, el todo lo contrario?, me pregunta Guillermo.

Llevo siguiendo hace años las investigaciones que se publican de cuando en cuando sobre el sistema de corrientes del Atlántico. Los modelos climáticos han tenido hasta hace poco tiempo una fiabilidad relativa. Se necesitan muchísimos datos de muchos lugares distintos y datos de buena calidad. Tomar esos datos en tierra, a través de miles de estaciones meteorológicas, es fácil desde hace décadas, pero tomarlos del Atlántico, de diferentes lugares y profundidades no era fácil. En la actualidad, los científicos que estudian el clima y las corrientes oceánicas ya tienen muchos y buenos datos, hasta el punto de atreverse a afirmar que «el colapso abrupto de la AMOC es posible». AMOC son las siglas de «Atlantic Meridional Overturning Circulation», un enorme río invisible que corre bajo el mar y que transporta agua caliente y salada entre dos mil y cuatro mil metros de profundidad desde el Caribe hasta el Norte del Atlántico y luego, de vuelta, agua fría y densa hacia el sur. Esa corriente lleva humedad y calor a Europa.

Pues bien, los cambios que se han detectado en la Corriente del Golfo se deben a que el calentamiento global está derritiendo el hielo de Groenlandia y del resto de la banquisa ártica y a que, además, se ha producido un incremento de las precipitaciones en el Atlántico Norte. Todo esto se traduce en un montón de agua dulce vertida en el mar. Hay muchos artículos científicos y buena divulgación explicando en detalle todo esto. Escribiendo mal y pronto la conclusión es que el colapso de esta corriente, su ralentización o paralización helaría Europa: algunas partes de nuestro continente se irán enfriando más de 3 °C por década, mientras que el calentamiento global actual es de unos 0,2 °C por década. Este dato así, pelado, muchos se lo tomarían como un *¡mira que bien!*, *¡así ya no nos achicharraremos!*, *¡el propio calentamiento fabrica su solución!* En este punto, el de las consecuencias del colapso de la AMOC, los científicos se muestran, como siempre, prudentes: *Necesitamos más datos*. Cuánto bajaría la temperatura en Europa o qué ocurriría en el resto del mundo si se parara este sistema oceánico es difícil de precisar, pero es indudable que la vida en nuestro confortable continente sería muy difícil, ya no se trataría de encender la calefacción más semanas. *Entonces, ¿en qué quedamos?, ¿nos achicharraremos o nos helaremos?*

Los climatólogos Henk A. Dijkstra, René van Westen y Michael Kliphuis que han escrito el penúltimo informe sobre el AMOC no han desarrollado las implicaciones de sus datos. Prefieren que esa serie de «catastróficas desdichas» las deduzcan otros y que sean otros científicos los que nos adviertan, asusten, sorprendan, aburran. ¿Europa con clima siberiano? ¿Lugares de Europa con caídas de 30 grados y suelos helados durante diez meses? ¿Sequía permanente con índices de lluvia similares a los del ártico? ¿Incremento del calor, de las tormentas y de los ciclones en América central y subidas del nivel del mar de casi un metro? ¿Desplazamiento de las llamadas zonas de Convergencia Intertropical hacia el sur dejando sin sus lluvias regulares a las selvas del centro de África, del Amazonas y también del monzón índico? ¿Destrucción del sistema agrícola mundial? No, saltar de los datos y las estadísticas a las consecuencias sociales del *puede que sí y casi sí* al *puede que no y ojalá no* es demasiado arriesgado.

Guillermo me apunta que eso sale en una película de catástrofes que tanto gustan al estimable público. En una de ellas, titulada *El día de mañana*, el mundo se hiela de repente y una panda de adolescentes yanquis sobrevive quemando los libros de la biblioteca de Nueva York. ¿No ves? los libros de papel siempre son útiles. Luego está *2012*, la del volcán gigante que explota en Yellowstone y donde la humanidad o una pequeña parte de ella, la élite, se salva en unos superbarcos de Noe que se han construido con tecnología puntísima cerca del Himalaya. Hay docenas de películas locas en las que el corazón de la Tierra o su atmósfera o el espacio exterior y sus meteoritos con mala leche nos ponen a un tris de la extinción y luego la ciencia y la tecnología, generalmente estadounidense, pero últimamente también china, vienen al rescate. Todo muy terapéutico o muy reconfortante.

Sigo caminando con Guillermo por la senda del río. Marco Polo en el libro de sus viajes apunta que en la región de Bakú, en Azerbaiyán, extraían de la tierra un extraño aceite oscuro que utilizaban como combustible y como ingrediente para algunas medicinas. Pero hasta principios del siglo xx ese líquido espeso, apestoso y oscuro no convirtió a John D. Rockefeller en el hombre más rico del mundo. Su empresa, la Standard Oil, llegó a controlar el 90% de la industria petrolera estadounidense hasta que fue disuelta por prácticas monopolísticas. Por esa época apareció en el mercado el Ford Modelo T del que se vendieron más de 15 millones de unidades. En 1927, el último año de su producción, un T valía 290 dólares de nada, un precio que equivaldría a unos 7.000 de ahora. Un coche bastante barato.

Las estimaciones más conservadoras nos dirán que se han extraído más de 1,3 billones de barriles desde que comenzó su producción comercial en 1859. En 2022 se sacaron 97 millones de barriles por día, un aumento del 4,8% con respecto a la producción de 2021. Todo ese petróleo se fue quemando en los motores de los automóviles, los barcos, los aviones y todo tipo de maquinaria con motor de explosión. También ha servido para fabricar, por ejemplo,

plásticos, asfalto, fertilizantes, lubricantes, medica-
mentos, vaselina labial… Durante un tiempo nos
preocupaba cuánto petróleo quedaba aún bajo la
tierra. Ahora la preocupación es evitar sacar y quemar los cerca de 1,7 billones de barriles que se estima que quedan y que durarían unos cincuenta años
si siguiéramos el ritmo de consumo actual. Al CO_2
resultante de quemar este petróleo hay que añadir
el de quemar gas y carbón, luego está el metano de
los pedos las vacas cuya carne nos comemos, pero
ese dato chusco lo dejamos para mejor ocasión. Este
año las emisiones mundiales de dióxido de carbono
han sido de 36,84 gigatoneladas, un 1,2% más que el
año anterior. Ya sabemos que los números desnudos
nos dicen poco, no nos dicen casi nada, son pedos
de vacas. Una gigatonelada son 1.000 millones de
toneladas. Nos quedamos igual. Debe ser mucho.
No queremos utilizar comparaciones estúpidas como
que una gigatonelada equivale al peso de 3.000 ras-
cacielos Empire State o de 6 millones de ballenas
azules. Con estas comparaciones tenemos la falsa
creencia de comprender un dato, un número, una
dimensión y es todo lo contrario, su valor real se
pierde en estos pequeños juegos. No sabemos qué
hubiera pensado nuestra querida Eunice Newton
Foote si hubiera conocido este futuro.

Guillermo me dice que esto es un comportamiento idiota y suicida. Un suicidio en masa. Pero nada
más lejos. Nadie quiere morir. Sabemos, o debería-

mos saber y no negar la evidencia, que este estilo de vida y este nivel de consumo de combustibles fósiles que se van extendiendo por más y más países van a poner en riesgo la vida de millones de personas que no somos nosotros. Y la vida de millones de seres vivos que no son personas. Además, repetimos, la prudencia de las proyecciones de los expertos, los márgenes de error en los datos, nos permiten instalarnos en este famoso *puede que sí, puede que no*.

Me replica Guillermo: *¡Hace un rato me has dicho que lloverá cada vez más en el mundo! ¡O que nos helaremos y tendremos que quemar los libros de la biblioteca! ¡Se han acelerado las tecnologías que nos permiten generar electricidad con el sol y el viento, convertir parte de esa energía en hidrógeno verde y tener un nuevo combustible a partir del agua que será inagotable! ¡Todo es cuestión de ir adaptando los sistemas de producción a estas nuevas fuentes de energía, hacer chismes más duraderos y ser menos consumistas! ¡Hemos ganado pequeñas batallas hace poco y podemos ganar esta! ¿No?*

Y es cierto que en el pasado se han ganado algunas batallas, y no tan pequeñas. Me viene a la memoria la voz de Pepito grillo de Rachel Carson. Gracias a ella hay pájaros, abejas y bichos. También gracias a ella seguimos existiendo los humanos. Sin insectos no hay polinización. Era una gran científica, una gran persona, una gran señora, una heroína moderna que luchó contra gigantes y venció. Sin ella, tal vez fuera ya una realidad el título de su obra más famosa, *Primavera silenciosa,* publicada en 1962, en la que denunciaba con datos y argumentos el masivo envenenamiento que la industria de los pesticidas estaba haciendo con el DDT y sus derivados y que iba a acabar con las aves de gran parte de América y del mundo en pocos años. La administración americana y la gran industria de los pesticidas quisieron destruirla, vilipendiarla, desprestigiarla, hasta la acusaron de comunista. Pero su lucha, su obra, su libro, su presencia en muchos foros públicos cambió el mundo, venció y contribuyó a crear la conciencia ecológica global que tenemos hoy. Murió a los 56 años de cáncer antes de ver cómo su libro cambiaba la legislación y la conciencia pública sobre el tema de los pesticidas y sus terribles consecuencias en la cadena trófica.

Otra pequeña batalla fue la de aquel asunto del plomo como aditivo en las gasolinas. El tetraetilo de plomo comenzó a añadirse en los combustibles a partir de 1923 para aumentar el octanaje. Ese plomo iba al aire, caía en todas partes y acababa en nuestros alimentos produciendo daños cerebrales y en el sistema nervioso de los niños, también el envenenamiento a gran escala de todos los seres vivos del planeta. En este caso, como en el de Rachel, el científico que descubrió el peligro, Clair Cameron Patterson, comenzó a medir los niveles de plomo en los hielos de Groenlandia, un lugar donde no vivía nadie, donde no había coches ni gasolineras ni nada. En la década de 1960, sus investigaciones demostraron que los niveles de plomo en los hielos habían aumentado significativamente desde la Revolución Industrial y sobre todo a partir de los años veinte. Esto indicaba que el plomo de la gasolina estaba contaminando la atmósfera, envenenando los suelos y llegando a los lugares más remotos del planeta. También quisieron cargarse el trabajo de Clair, porque siempre hay negacionistas, pero al final toneladas de estudios demostraron el enorme peligro de este envenenamiento global y se prohibió el aditivo.

La última pequeña guerra ganada fue contra otras moléculas utilizadas como propelentes de lacas para pelo y gases refrigerantes de neveras llamadas clorofluorocarbonos, hidrobromofluorocarbonos e hidroclorofluorocarbonos, unas moléculas que al llegar a las capas altas de la atmósfera destruían el ozono. La capa de ozono absorbe la dañina radiación ultravioleta (UV) del sol. El incremento de esta radiación ultravioleta que traspasaba el aire en los lugares donde no había O_3 causaría cáncer de piel, cataratas y otros problemas de salud a miles, tal vez millones de personas. También destruye el ADN de las plantas y los animales. Las consecuencias del agujero de ozono eran inabarcables, tal vez la extinción de gran parte de la vida en la Tierra. El científico que descubrió el agujero se llamaba Joe Farman y trabajaba para la British Antarctic Survey (BAS) en la remota estación Halley en la Antártida. En 1987 se prohibió en todo el mundo la producción y el uso de esas moléculas. Desde entonces el agujero de ozono se está cerrando lentamente. Hasta Ronald Reagan y Margaret Thatcher, rancios, conservadores y procapitalistas donde los haya, impulsaron la prohibición de seguir fabricando CFCs.

9

QUE TODO SIGA COMO ESTÁ

En estos días de nuestros paseos junto al mar, un concejal del ayuntamiento de Valencia, que este año fue nombrada «Capital Verde Europea», ha dicho en la inauguración del Congreso Internacional de Humedales y Cambio Climático 2024:

> El problema de un humedal como la Albufera no es el cambio climático; alarmismo climático, diría yo, o religión climática, si lo prefieren. Ese discurso de la burbuja climática no ha servido para más que para el señalamiento ideológico y el derroche de dinero público que podría haberse utilizado para facilitar el desarrollo industrial no invasivo. Un discurso del que ya se ha descolgado un buen número de científicos, algunos de ellos Premios Nobel.

Toma una triple ración concentrada de todos los tópicos negacionistas juntos escupidos por la boca de un (ir)responsable político: «religión climática», «burbuja climática», «un buen número de científicos, algunos de ellos Premios bla, bla, bla…». Lo cierto es que el 98% de los climatólogos del mundo saben que el calentamiento global es un hecho.

Muchos dudaron de Rachel, también de Clair y de Joe, pero la ciencia no es una creencia, una opinión o una religión. Lo que ellos demostraron podían comprobarlo otros. También ellos sufrieron a los negacionistas y no les importó defender la verdad. Ahora mismo las redes sociales están llenas de conspiranoicos y de amantes de las pseudociencias. Entre el 2 % y el 7% de la población cree que la Tierra es plana. El 25% de los españoles piensa que el Sol gira alrededor de la Tierra. Entre el 8% y el 10% no cree en el cambio climático y el 20% piensa que este cambio no ha sido causado por la actividad humana. Son una minoría pero en esta cuestión, como en la del ozono, el DDT o el plomo, lo que importa es la influencia política y económica que tenga esa minoría. Me replica Guillermo que el propio fundamento del método científico, basado en hipótesis, pruebas, contrapruebas, falsación o verificación, en la lentitud con la que se demuestran las hipótesis, en lo limitado de lo demostrado y demostrable, choca contra cierta demanda social de un discurso científico «fuerte», casi religioso, de

verdades sólidas, duras, inamovibles, simples y cla-
ras. Esta lógica y constante variabilidad científica
también contribuye a debilitar su credibilidad entre
unos ciudadanos con una cultura científica, salvo
excepciones, escasa.

Quizá los tipos peligrosos no son ese 10% que
cree que el cambio climático no existe o que la Tierra es plana sino los que saben que el calentamiento
global es un hecho y hacen, nos hacen, un *gatopardo*. En la novela *El Gatopardo* escrita por Giuseppe
Tomasi di Lampedusa en 1957, el personaje principal afirma: «Si queremos que todo siga como está, es
preciso que todo cambie». Es decir, cambiemos algo
sin importancia, superficial, para seguir manteniendo nuestro poder y este sistema, nuestra forma de
hacer y nuestros beneficios económicos.

Hacer un gatopardo a estas alturas del segundo milenio se llama también *greenwashing*, lavado
verde, una estrategia de *marketing* y comunicación
utilizada por muchas empresas para convencer a
sus clientes que son sostenibles y ambientalmente
responsables cuando no lo son. Este *gatopardismo* se
materializa en diversas etiquetitas muy creativas y
bonitas llenas de símbolos verdes, arbolitos preciosos, aves felices, paraguas simbólicos y las palabras
natural, *biodegradable*, *ecológico*, *sostenible*, *energía
limpia*, *cero emisiones*, *100% reciclado*, y un larguísimo etcétera de argumentos muy convincentes y
redactados por los mejores sociólogos del mundo

para que una petrolera, un fabricante de coches o la empresa petroquímica más grande del mundo nos parezcan similares a Greenpeace o mejores. Ahora mismo no hay producto o servicio o multinacional o Gobierno que no haga algún tipo de gatopardismo *greenwashing*. Y todos nos lo creemos o lo queremos creer o fingimos que nos lo creemos o no nos lo creemos pero compramos sus productos.

Al final de *El Gatopardo* el Príncipe Fabrizio Salina, protagonista de la novela, muere solo y desilusionado. El mundo que disfrutó y conoció ha desaparecido y no se siente bien en el nuevo mundo que ya sigue sin él. «Si queremos que todo siga como está, es preciso que todo cambie». Sí, al final todo cambia, pero que le quiten lo bailado a Fabrizio y a quienes dirigen las empresas y las industrias que practican *greenwashing*. Estos privilegiados ya se habrán montado sus refugios climáticos, sus búnker paradisiacos lejos de los problemas.

Dentro del *greenwashing* hay muchas zonas grises, a veces bien intencionadas y otras llenas de trampas. Hay todo un incipiente y bien subvencionado sector industrial que investiga sistemas de captura de carbono, árboles sintéticos, o esa es la filosofía, que absorberán CO_2 de la atmósfera y luego enterraremos ese CO_2 bien hondo equilibrando de nuevo el asunto. *¡No importa romper, destruir, secar los bosques porque vamos a inventar unos bosques mejores y más eficientes!* Otros lumbreras confían que en cinco o diez años la computación cuántica unida a la IA nos permitirán realizar predicciones meteorológicas con meses y años de anticipación, de tal forma que sabremos dónde será la vida humana complicada y dónde tendremos territorios con un clima benigno; o quién sabe si podremos manipular el clima, afirman ufanos e ilusos: *Póngame aquí, en mi pueblo, cuatro y mitad de nubes de lluvia, por favor.*

La mayoría de quienes practican *greenwashing* apuesta por eso que se llaman energías renovables, la solar, la eólica, el hidrógeno verde aunque no se dice mucho de dónde van a salir todas las materias primas, todas esas tierras raras, agua pura, minerales escasos que necesitamos para fabricar todos esos millones de paneles, generadores y sistemas eléctricos. Tampoco son mejores los que defienden la necesidad de un Gobierno mundial en forma de dictadura global, porque la democracia no les parece muy adecuada para liderar la necesaria transformación; un «todo para el pueblo pero sin el pueblo» que no sabe. Quienes sí que saben son todos esos megarricos filántropos que proclaman en todos los foros en los que son invitados que sabrán gestionar con sabiduría y mano de hierro unos cambios que serán radicales, dolorosos y al principio algo injustos, pero luego buenos pata todos. ¡Ah, la bondad! Extraña palabra puesta en boca de tipos con éxito que se han hecho riquísimos vendiendo cualquier cosa y de cualquier manera: altramuces, Windows, chaquetas de torero,

vuelos baratos, bragas y libros *online*, semillas patentadas y mierda de artista.

Bill Gates ha comprometido 2.000 millones de
dólares para financiar proyectos de energía limpia.
Jeff Bezos ha creado el Bezos Earth Fund, un fondo de 10.000 millones para financiar proyectos que
ayuden a combatir el cambio climático. Elon Musk
ha creado la Fundación Musk, una organización sin
ánimo de lucro que apoya proyectos de energía limpia y otras iniciativas ambientales. Richard Branson
ha creado la Fundación Virgin Earth Challenge, que
ofrece un premio de 25 millones de dólares al primer
equipo que pueda desarrollar una tecnología viable
para eliminar el CO_2 de la atmósfera. Todos ellos
juntos más Michael Bloomberg han creado Break-
through Energy Ventures, un fondo de inversión
cuyo objetivo es acelerar la transición hacia una
economía libre de emisiones de gases de efecto invernadero. ¿Quién da más? ¿Por qué no les hacemos
presidentes de ese Gobierno mundial?

De la mastodóntica huella de carbono de Amazon, de las inversiones de todos ellos en empresas
que explotan los combustibles fósiles y la industria
petroquímica, de sus cohetitos espaciales llenos de
combustible poco verde, de los agujeros mineros y la
contaminación fluvial que ya ha causado la moda de
los 16 millones de coches eléctricos con baterías de
litio que hay circulando por las carreteras del mundo
y de los 125 millones que habrá en el 2030 no de-

cimos nada. ¡Que somos unos resentidos! unos demagogos, unos aguafiestas por no poder pagarnos un Tesla, un vuelo espacial o por denunciar esos kiwis ecológicos cultivados en Chile que viste el otro día en el súper y que habían recorrido 9.000 kilómetros desde un árbol de Valparaíso hasta tu mesa madrileña, ¿levitando? ¿ecológicos?

También nosotros nos marcamos cada día un gatopardo, hacemos *greenwashing* cuando nos sentimos bien por separar el vidrio, del plástico, del papel, de la materia orgánica. Cuando llevamos las baterías de un juguete, los restos de pintura, el aceite usado o la lavadora vieja al Punto Limpio y tomamos el autobús para ir al centro de la ciudad en lugar de arrancar nuestro flamante automóvil.

Me radiografío yo mismo. La semana pasada pedí en Amazon un móvil nuevo porque la batería del anterior apenas me duraba, eso son 125 kilogramos de CO_2, un 50% durante la extracción de minerales como el litio, cobalto y otras tierras raras, además de los plásticos, cuyo impacto ambiental en la contaminación de la tierra y el agua no medimos aquí; otro 30% durante la fabricación del teléfono, su ensamblaje, empaquetado y transporte, incluyo la publicidad cuqui que ha hecho la marca para convencerme; un 10% por el consumo de energía al cargar la batería, la red y las aplicaciones; y me atrevo a apuntar otro 10% por el reciclaje o la eliminación del chisme, muchos acaban en la basura. También compré para comer una lechuga y unos filetes de lomo de cerdo, ¡ah! y unas fresas de Huelva, nadie es perfecto. Cultivar mi lechuga emitió 4 kilogramos de CO_2 por kilo de lechuga, la mayoría por los tractores y máquinas que han trabajado la tierra, y los fertilizantes químicos y pesticidas que se han utilizado. Luego está el transporte desde Almería hasta aquí, no sé si ahora, en enero, se cultivaron en invernaderos con calefacción. El kilo de filetes de lomo de cerdo emitió 5 kilos de CO_2 y estaba de oferta, el animal se había criado en una de esas granjas intensivas en las que los animales crecen rápido porque comen soja y maíz. Luego tuvieron que llevarlos en camión al matadero, de allí al supermercado y luego a mi cocina. Como estamos comiendo no he querido indagar si se hizo un tratamiento adecuado de los purines, del estiércol, que genera emisiones de metano, un gas de efecto invernadero con un alto potencial de calentamiento global. Tampoco diré nada de la bandeja de poliestireno y el film transparente que cubría esa carne. De mi capricho fresero quisiera correr un tupido velo. En los alrededores del Parque Nacional de Doñana se cultivan 3.885 hectáreas legales de fresas en regadío y entre 1.500 y 2.000 hectáreas de forma ilegal, esquilmando, agotando el acuífero que da vida a uno de los humedales más importantes de Europa, Patrimonio de la Humanidad por la UNESCO, Reserva de la Biosfera desde 1980. Calcular los kilos de carbono que han emitido estas fresas me parece un mal chiste. Pero sí, es verdad lo que estás pensando, podría haber comprado todos estos alimentos con la etiqueta de ecológico y con un origen de Km 0, entonces los kilos de CO_2 emitidos por mi comida sin duda hubieran sido menores. Se me olvidaba contar que iremos de fin de semana a Sicilia, hemos ido muchas veces a Venecia, a Roma y a los lagos del norte de Italia pero teníamos pendiente la isla del Gatopardo. Eso son 1.000 kg de CO_2 por pasajero, 250 kg si fuéramos en tren, 150 kg si hubiéramos optado por el ferry y 1.500 kg de CO_2 si el medio de transporte es nuestro coche. Otro tanto de vuelta. No quiero cansarte con estos burdos cálculos que, sin embargo, son bastante precisos. Además el algoritmo que me permite obtener estos datos no se pensó para descubrir que en esta cuestión del CO_2 todos sufrimos de obesidad mórbida, sino para luego poder utilizar esos kilos de más o de menos en el maravilloso Mercado de Emisiones de la UE (EU ETS). Un mercado absurdo lleno de trampas y engaños.

La empresa o compañía que ha cultivado tu lechuga o las fresas, criado el cerdo fileteado, fabricado el móvil nuevo o fletado el avión de tu viaje tienen un límite sobre la cantidad total de GEI (gases de efecto invernadero) que puede emitir. Estos permisos de emisión se asignan gratuitamente o se subastan y las compañías pueden comprar y vender permisos de emisión entre sí. Si una empresa emite más GEI del que tiene permitido, debe comprar permisos adicionales: emitir de más le cuesta dinero. Este mercado es uno de los «mercados de carbono» más grandes del mundo y cubre el 40% de las emisiones de GEI de Europa. Se supone que desde su aparición en 2005, las emisiones en los sectores que están apuntados han disminuido en un 43% sus emisiones. Además, según la UE, este mercadeo ha acelerado la innovación de tecnologías de bajas emisiones. Suena bien. Parece que a los europeos no nos gusta el calor excesivo. Pero los europeos, tan desarrollados, tan derrochadores, somos pocos y no emitimos mucho en conjunto. China es el mayor emisor de gases de efecto invernadero con un 28% del total mundial. Estados Unidos es el segundo mayor emisor de GEI, con un 20% del total mundial. Eso son más de 12.000 millones de toneladas en China. Luego van Estados Unidos con más de 5.000 millones, la India con 2.500 millones, Rusia, Japón, Irán, Alemania, Corea del Sur, Indonesia y todos los demás.

Guillermo, estos datos ya están obsoletos cuando los escribo. Algunos de estos países tienen también sus mercados de cambalache de CO_2 o juran y perjuran que harán algo para reducir estas emisiones, o juran y perjuran que les da pereza y no harán nada. Nadie les obliga. Nada les obliga.

La Unión Europea ha aprobado una serie de compromisos dentro del llamado Pacto Verde Europeo bajo la denominación de paquete climático «Obje-

tivo 55» cuya meta es reducir, para el 2030, un 55%
las emisiones de GEI y alcanzar la «neutralidad climática», es decir, una reducción a cero de la emisiones en el cercano 2050. Para empezar, los europeos
vamos a revisar el Sistema de Comercio de Emisiones de la UE (EU ETS) para aumentar el precio del
carbono y reducir el límite de emisiones y para que
las energías renovables lleguen al 40% de la energía
consumida; con ese fin, se comenzará a probar el uso
de combustibles limpios en el transporte marítimo y
la aviación y a financiar todo tipo de investigaciones
e innovaciones en tecnologías bajas en carbono. Es
dudoso que todo eso se consiga y, en el mejor de los
casos, aunque consiguiéramos esas reducciones e hi-
ciéramos nuestra pequeña revolución, la inercia del
calentamiento global sería la misma porque el resto
de países, los que más emiten, no tienen pensado
hacer cosas parecidas. O dicen que sí lo tienen pensado, pero no hacen nada.

Tampoco hacemos mucho los ciudadanos. Puedes
ser muy consciente de que tu coche quema gasolina
y a lo mejor ya te compraste un Tesla o cualquier
otro coche *a pilas*, pero luego te vas de viaje a todas
partes sin mucha conciencia del derroche, del consumo de CO_2 que eso implica.

¿También vas a criticar el sagrado turismo?

Hacemos turismo de aventura, rural, religioso, de
compras, sostenible, enológico, gastronómico, espacial, reproductivo, paranormal, accesible, *cultural*,

sol y playa, urbano, sanitario, virtual, de negocios, solidario, sexual, de lujo… El turismo mundial va como un tiro, nadie se replantea cambiar este concepto del turismo y del viaje, su paquetización fabril, su forma de catálogo por precios y experiencias, la venta y grandilocuencia de lo remoto, del exotismo ya gastado. Vamos y venimos deprisa y lejos, llenamos la nube y las redes de fotos y poco queda en la memoria o en la piel.

Le digo a Guillermo que es verdad que voy a ir a Sicilia solo por conocer sus naranjos y el paisaje de nuestro querido *Gatopardo*, pero al menos yo no quiero ver panteras de las nieves en las sierras del Pamir, me conformo con ver caballitos de mar en las praderas acuáticas del Mar Menor. No quiero ir a contemplar al gran cóndor de los Andes sino a sorprender a mariposas isabelas en los pinares de Ávila. No quiero admirar a las jirafas reticuladas en Masai Mara sino a un tritón ibérico nadando entre corujas en un venero de agua de una dehesa cualquiera. Prefiero lo pequeño y cercano. Lo que la destrucción acecha y borrará en pocos días. Es verdad que nuestra patria chica es hoy el mundo entero, que la pantera y el tritón están de alguna forma conectados y que esa conexión, además del agua y el oxígeno que circula por todo el planeta, también nos incluye. Sé que tú mantienes todavía una mirada curiosa, sin ver en el lugar o en el bicho ningún recurso, beneficio, lucro o propiedad.

Te digo entonces que habría que reivindicar el turismo, el viaje, el safari, la expedición al descampado de al lado de casa.

Eso escribes pero te vas a ir a Sicilia y no al solar de enfrente, así que no me cuentes cuentos. Tiene razón, no seguiré por aquí.

***

¿Qué era eso de alcanzar la «neutralidad climática» en 2050? Cuando comenzó la guerra en Ucrania y el gas ruso, que encendía las calefacciones europeas, parecía peligrar, volvimos a encender las centrales térmicas de carbón como en los buenos tiempos. Además, el Parlamento Europeo redefinió el gas y las nucleares como «energías verdes» equiparables a las renovables.

Todos los buenos deseos firmados por nuestros representantes se han ido modificando luego al albur de las guerras cercanas o lejanas, los problemas con el gas ruso o el coltán del Congo, las pequeñas revueltas de los agricultores europeos o los sustos de las crisis de materias primas que están obligando a que volvamos a las minas en nuestro propio suelo para asegurarnos el suministro de litio y de otros minerales *estratégicos* que, he ahí la contradicción, son imprescindibles para alcanzar el Pacto Verde Europeo. «Verde», de nuevo esa etiquetita.

La minería nunca ha sido muy verde, ni muy sostenible, ni muy ecológica. Sería el mal menor.

Destruimos algunos espacios del territorio a costa de conservar el resto y emitir menos CO_2. No se puede tener todo. Detrás del «optimismo antropológico» vuelve a enseñar la patita el «realismo capitalista». Por ejemplo producimos metanol verde gracias al hidrógeno verde que hemos fabricado con agua de río a través de procesos de electrolisis gracias a energía renovable solar y eólica. El metanol será un excelente combustible para procesos industriales y para los grandes barcos mercantes. En este tipo de proyectos en los que todo es ideal, sostenible y verde siempre hay un talón de Aquiles algo menos verde que suele ser el agua. Se necesitan millones de metros cúbicos de agua dulce y limpia, cuanto más dulce y más pura mejor, así que estas factorías se están comenzando a construir junto a muchos ríos en los que esa agua no sobra: ¿si nos fundimos el caudal de un río para fabricar hidrogeno de qué *color* es ese combustible?, ¿de verdad es verde?

Se llamaron, las llaman, «zonas de sacrificio ambiental», un palabro que tiene poco de eufemismo. Además, a veces, se solapan con las «zonas de sacrificio demográfico», porque allí no pueden vivir los robles o las lagartijas, pero tampoco las personas. Como el lugar ya está enmierdado o poco poblado, importa menos destruirlo o contaminarlo un poco más. La cosa puede comenzar con una mina a cielo abierto o cerrado, una petroquímica o una cementera, un embalsito, un embalsazo o una macrogranja o, quién sabe, una pulquérrima factoría de hidrógeno verde que se funde las aguas prístinas de un pequeño río. La euforia de la riqueza y el enmierde o la destrucción hace que se aprecien las migajas de lo primero y que se tolere sin problemas lo segundo.

El concepto, «zonas de sacrificio», ya es viejo. Se acuñó en 1970 al analizar las consecuencias ambientales de cien años de minería arrasadora en el oeste de Estados Unidos. Claro que lo que vino después fue más y peor. En España las zonas de sacrificio ambiental podemos verlas en los enormes depósitos de escorias carboníferas diseminadas a lo largo del itinerario minero del norte de España, pero también en la petroquímica de Huelva, el embalse de Riaño o cualquier macrogranja porcina de las que ahora proliferan por la España Vacía, por ejemplo, en toda esa Serranía Celtibérica cuyas soledades tocan Cuenca, Teruel, Guadalajara, Zaragoza, Soria, Burgos, La Rioja, Segovia, Castellón y Valencia, la llamada Laponia española, con 6,99 hab/km², ese 13% de toda la península que los ciclistas grillados denominan las *Montañas Vacías*. Pedalear en silencio por los caminos de tierra de la Sierra de Albarracín, Sierra de Gudar, Sierra de Javalambre, Serranía de Cuenca y el Alto Tajo nos enfrenta a un tipo de belleza que solo aprecian cuatro locos. Decir «Montañas Vacías» y que al otro desconocido ciclista con el que nos encontramos en el desierto de Arizona o junto al Danubio o en un tugurio de Madrid le brillen los ojos y nos muestre, tatuado en la piel de cierto lugar íntimo, el símbolo de esta ruta, es como pertenecer a una secta masónica muy selecta y aún más secreta. Ya lo dijo Laurence de Arabia: *Me gusta el desierto porque está limpio*. Así que solo ellos y ellas lamentarán que las piscinas de purines comiencen a ser miles por allí y que sus aires y suelos ya no huelan a limpio.

Para compensar se hacen parques naturales y reservas, se cuida la cabecera de un río pero se destruye el resto. *¡Es el precio del progreso!* Nos dicen. *¡Además mira Chernóbil, la vida salvaje se recupera pronto!* Es verdad, me digo, en las zonas de los experimentos nucleares proliferan las cucarachas y los escorpiones; en Rio Tinto hay curiosas bacterias y hasta en la cloaca más infecta puede vivir algún macroinvertebrado. Pero las zonas de «sacrificio ambiental» no son solo los evidentes agujeros negros antes descritos. Hay espacios que son zonas de sacrificio ambiental «invisibles» como una autovía o un tendido eléctrico mal aislado, un *hinterland* que llena de chalets los antiguos barbechos donde pastaban las avutardas, o la cadena de pozos que seca un acuífero o un río. Se nos dice que esa forma de progreso *atrae población y activa la economía, es necesario, no hay más remedio*. Litio en lugar de petróleo. Una minería por otra. ¿Este litio o coltán de «kilómetro cero» es mejor que el importado del Perú, China, la República Democrática del Congo o Australia?

10

CULTIVAREMOS VIÑAS EN EL ÁRTICO

Por estos días uno de los ecólogos y expertos en
desertización más prestigioso y citado en las revistas científicas anuncia que se va a trabajar un largo
tiempo a una universidad de Arabia Saudí. La precariedad de los investigadores en España no es el
tema de este panfleto pero también tiene que ver.
La cultura científica de un país también se mide
así, por las condiciones laborales y el salario de sus
investigadores. Fernando Maestre se va a Arabia
porque las condiciones laborales y económicas en
una de las universidades de esa dictadura son in-
mejorables. Incluso rechazará una ayuda europea
de 2,5 millones de euros, que no es poco, pero allí
tendrá «quince veces más dinero para investigar
que con la financiación habitual española». Pero
la verdadera razón de su desplazamiento como in-

vestigador es otra, como es *ecólogo de desiertos*, ir a estudiar una de las zonas más hiperáridas del mundo es una oportunidad estupenda. Afirma que es como viajar en el tiempo porque podrá ver y analizar cómo será España dentro de cincuenta años. En Arabia Saudí y otros países desérticos hace ya muchos siglos que se han adaptado a estas condiciones climáticas pavorosas aunque es verdad que ahora, como sus tierras están encima de un mar de petróleo, tienen todo el dinero del mundo para implantar cualquier tecnología carísima que incremente la comodidad y el bienestar de sus gentes. Para cerrar la ironía, la paradoja, el mal chiste, el año en el que escribo todo esto se ha celebrado la Cumbre del Clima en Dubái y los representantes de Arabia Saudí brindaron con petróleo tras *matizar* el futuro de las energías fósiles en los compromisos del borrador final de la COP-28. El texto del acuerdo reconoce que hay que reducir de manera «justa, ordenada y equitativa» la producción y consumo de los combustibles fósiles. Pero ¿eliminarlos? ¿Cómo va a defender su eliminación uno de los principales exportadores de gas y petróleo del mundo? En las conversaciones de la cumbre a más alto nivel se habla de «petróleo sostenible». En esta y las anteriores cumbres del clima se han aprobado textos, propuestas y eslóganes que luego se han convertido en agua de borrajas, *greenwashing* político, refinado gatopardismo 3.0.

Hemos pasado antes muy por encima de las implicaciones sanitarias del calentamiento global . Ya vivimos lo que pasó con el covid-19 y hemos citado un buen puñado de enfermedades gravísimas que van a aparecer en países como el nuestro y en otras latitudes antes más frías. Luego están las enfermedades o plagas que pueden afectar a nuestro ganado doméstico o a nuestros cultivos. Algunas ya están amenazando a nuestros cítricos y olivares, a las dehesas y bosques mediterráneos. Seguimos pensando que nuestra ciencia y nuestra tecnología nos pueden salvar de casi cualquier cosa. Al fin y al cabo apenas pasaron unos pocos meses desde que se declaró la pandemia mundial hasta que lograron una vacuna efectiva. *Solo* murieron en el mundo 7,3 millones de personas…, aunque la mayoría de las muertes por la enfermedad no se han notificado y sigue siendo hoy una patología muy grave.

No quiero enumerar aquí todas las nuevas enfermedades que amenazan el campo pero ahora me viene a la cabeza, sobre todo por su nombre, la *Xylella fastidiosa,* una bacteria que se transmite por insectos vectores, como la cigarra de la vid (*Homalodisca vitripennis*) y el esputo de rana (*Philaenus spumarius*). «Fastidiosa», «esputo», a los botánicos y entomólogos les encanta el humor negro. La única solución a estas plagas es arrancar los olivos como ya se está haciendo en Italia o Mallorca, dejar la tierra pelada. La plaga se ha controlado pero…

¿y si no? ¿Y si tuviéramos que arrancar los 282 millones de olivos de nuestro país? ¿Y si se nos murieran todas las encinas de nuestras 3,5 millones de hectáreas de dehesa? La «seca» es una enfermedad que afecta a las encinas y a los alcornoques, debilitando y provocando la muerte de los árboles. La causan dos hongos del suelo llamados *Phytophthora cinnamomi* y *Phytophthora quercina*. El cambio climático, el estrés hídrico, las olas de calor, las lluvias a destiempo debilitan a los árboles. La *seca* los seca, los mata, no hay tratamiento. Sin árboles la certeza del desierto se acelera. Los árboles suavizan el calor en las ciudades, capturan CO_2, mantienen la humedad y la microbiota del suelo, además, seamos egoístas, nos regalan almendras, bellotas, naranjas, aceitunas, el cielo. El cambio climático está acelerando el avance del desierto en el mundo. Con los árboles se pierde una biodiversidad visible e invisible, la tierra se vuelve inservible, los microclimas auspiciados por la evaporación de las hojas desaparecen y la gente que vive por allí, si no hay árboles, tiene que irse. Esto ya ha pasado en las miles de hectáreas de la franja boscosa que limitaba el Sahara. Una de esas civilizaciones que colapsaron fue la de los garamantes: vivían en Fezzan, al sur de la actual Libia, entre el año 500 a. C. y el 700 d. C., y eran admirados, orgullosos, sofisticados y poderosos. Toda su riqueza se basaba en las aguas subterráneas y en las innovaciones agrícolas producidas por la eficiente gestión de esas aguas. Pero el clima cambió un poco y, ya sabes, *caput*.

Ya en casa, mientras comemos y seguimos hablando de la extinción del dodo y de la paloma migratoria, la desaparición de tartesios y garamantes, saboreamos un poco de vino. En nuestra casa comer sin vino es inconcebible. Beber vino no es beber alcohol aunque el vino contenga esa molécula. Un buen amigo se hizo hace algunos años con unas botellas de Viña Tondonia 1920, a un precio seguramente exorbitante. Hace unas semanas abrió una de ellas y me dijo que el vino, a pesar de tener ya más de cien años, era excelente. ¿Sabes que el vino en el siglo XVII era considerado un alimento? Aquí, en estas uvas que crecerán en primavera en la parra del jardín, está la civilización mediterránea entera, los Pelasgos, Dionisos, Moisés, Gargantúa y hasta varios dioses todavía en ejercicio. Uvas para comer y para hacer vino, ácidas, dulces, tintas y blancas. ¡Domesticadas hace ocho mil años o más! Porque, ¡si en una revolución por el clima no hay vino no es mi revolución! Te cuento que de aquella de Octubre de 1917 me quedo con el poco glorioso y recordado asalto a las célebres bodegas del Palacio de Invierno que cuenta el periodista testigo de esos días Víctor Serge. Hasta el regimiento Pavlovski, encargado de su custodia, se lio a beber sin poder parar hasta caer redondos. Luego enviaron hombres curtidos de diversos regimientos y se emborracharon igualmente. Después a los duros soldados de los automóviles blindados, que también acabaron beodos cantando la *Internacional* con voz estropajosa. Solo los marinos llegados de Helsingfors, que habían jurado «matarse antes de beber de ninguna de aquellas botellas», lograron parar la bacanal. Pero imagina las bodegas de los zares, con los mejores *champagnes*, coñac, burdeos, jerez, oportos, málagas y borgoñas del mundo.

Sin embargo, no sé si sabes que hace unos años se extinguieron todas las viñas que crecían en España y también en Europa por un bichito parecido a los que te he citado antes. A Guillermo le he contado otras veces la historieta de Antonio, un tío bisabuelo mío. El tipo era un elegante terrateniente extremeño que ahorraba cada año todas las rentas que le pagaban sus aparceros para derrochar esos dineros en menos de una semana encima del tapete verde de las ruletas del casino de Monte-Carlo. Aunque se fundió muchas veces toda la pasta y murió pobre, no tenía un pelo de tonto y, además, era precavido porque iba al casino con una de esas pistolitas Derringer de doble cañón que llevan los tahúres escondidas en la manga en las películas clásicas del Oeste y, por cierto, es lo único que conservamos de él.

Así que, además, quería contarte hoy que uno de esos años, antes de largarse a Mónaco, vendió la cosecha entera de mosto a los franceses y también todas las botellas que dormían en la bodega vieja que construyó su padre. Otros propietarios siguieron

172

su consejo y también se forraron sin hacer casi nada, el truco ese del pelotazo, pero pagaron unos jornales de miseria como siempre y luego se fueron a Madrid a festejar el asunto con otros licores y parientas. Las Elecciones Generales de 16 de abril de 1899, siendo regente María Cristina de Habsburgo-Lorena, las ganaron de nuevo los caciques y sus leguleyos gracias a los pucherazos, las trampas y los enjuagues que hacían en todos los ayuntamientos sus vendidos. Conservadores doscientos veintidós diputados, Liberales noventa y tres, Gamacistas veintinueve, mangantes Independientes veintidós, Tetuanistas once, Carlistas tres, otros diputados, los Romeristas y los Republicanos ilustrados de Nicolás Salmerón, tan solo dieciocho. Así que Francisco Silvela y su amigo Práxedes Mateo Sagasta se repartieron de forma civilizada el chocolate del loro del poder. Y precisamente cuando mi pariente manirroto fue a ver a Práxedes para cobrarse en ciertas prebendas el pucherazo en su ciudad, el político le pasó copia del informe confidencial escrito por el médico y naturalista Mariano de la Paz Graells y le recomendó que vendiese algunas fincas antes de que comenzase en ellas la ruina que ya estaba arrasado todas las viñas de Europa. Eran mil páginas muy precisas sobre los detalles zoológicos, agronómicos, fitosanitarios, legales y económicos del bichín americano que nuestro pariente apenas leyó y de las que no hizo mucho caso. Una enfermedad causada por un insecto llamado *Daktulosphaira vitifoliae* estaba comenzando a matar todas las viñas de Francia. En 1878 se detectó ya en Málaga, el año siguiente en Cataluña y entre 1896 y 1903 se extenderá por el Ebro y la Rioja. No habrá viña en España a la que no se le pudran las raíces. Aunque Graells ya sugiere en su informe que todas las viñas europeas serán aniquiladas y que la única solución es arrancar las viñas filoxeradas y sustituirlas por pies americanos, que son inmunes a la plaga, y después injertar en ellos las viñas autóctonas, nadie le hace caso. El vino, hasta el más malo, tiene esos años un precio desorbitado. Muchos agricultores se arruinan, los braceros pasan hambre, la idea de la acracia y la necesidad de limpiar con bombas el futuro crece entre ellos. Alfonsito comienza a reinar pero no se mete en fregados y obedece *la nada* que la Constitución de 1876 le ordena. Nuestro pariente Antonio tendrá la mayoría de sus viñedos embargados, pero gracias al joyerío de su santa esposa y de sus dos queridas pudo comprar mil barricas de vino mediocre mexicano que revendió como Rioja del ochenta y nueve multiplicando por cien su precio. Luego recuperará sus tierras y su orgullo pero cinco años después morirá de un infarto mientras devora unas ostras de Claire y unos blinis de caviar en Lhardy.

Hoy apenas queda nada de aquel país y nadie recuerda casi nada de aquel tiempo en el que por poco nos quedamos sin vino. Al menos una gran mariposa nocturna de terciopelo verde, una mariposa preciosa que hemos ido a ver algunas veces en verano, por los pinares de Peguerinos en Ávila lleva el apellido del bueno de Mariano de la Paz Graells. Una hermosa polilla que se llama *Graellsia isabellae*.

Ahora voy caminando por la ciudad de Madrid y me encuentro con la maravilla: una vid, una parra enorme, gruesa, antiquísima, en una calle anodina del barrio. No he visto una parra tan ancha y tan alta en mi vida. Anoto el lugar del monumento: calle de Diana número seis. Esta vid prendió y creció en la tierra mucho antes de que aquí hubiera calle, acera, asfalto y chalecito. Entonces todo a su alrededor era secano, huertitas en las afueras del pequeño pueblo de Canillejas, que aún no era un barrio de Madrid. De aquellos tiempos agrícolas solo queda la pequeña iglesia del siglo xv que conserva un precioso artesonado mudéjar lleno de estrellas de ocho puntas, hojas y lazos; un pequeño cementerio que estaba en las afueras y ahora queda casi en el centro del barrio; varias quintas nobles del siglo xviii convertidas en suntuosos parques públicos: Quinta de Torre Arias, Quinta de los Molinos, el Capricho de la duquesa de Osuna y alguna fuente árabe de la que aún mana agua. Me gustaría agradecer aquí a las generaciones de dueños de este diminuto pedazo de mundo que no arrancasen la soberbia parra y la cambiasen por un arbolito anodino. Espero que siga aquí, orgullosa y sana, dando sombra y uvas dulces por muchos años. Cuidar de la Tierra también es esto, cuidar de una parra. Por eso la nombro ahora. Los *tours* turísticos de la ciudad deberían pasar por aquí. Una vid hermosísima en medio de una ciudad recocida me hace sentir algo de esperanza, como aquel «olmo seco hendido por el rayo y en su mitad podrido». También me da esperanza la compañía de Guillermo y de toda esa generación que representa Greta Thunberg. Ellos son la generación a la que interesa y lee *literatura, nature writing,* y que no quieren que les hablemos de beneficios ecosistémicos y que mercantilicemos con todo lo natural. Saben que hay cosas sin valor monetario, y que poner un precio a esas cosas animadas o inanimadas, a una hectárea de bosque salvaje, a un tramo de río o a una ciudad con el aire limpio, es absurdo, un insulto a la inteligencia, a su inteligencia. A la nuestra no se lo parece porque hemos aceptado y asumido todas esas componendas.

Quizá por eso no hacemos nada.

***

Musketaquid es el nombre indio del río Concord, pero también es el nombre que dieron a la canoa chapucera que fabricaron Henry y John Thoreau. Con esa embarcación bajaron aquel río y vivieron una aventura que luego Henry convirtió en libro. El Concord es un río corto, de apenas 25 kilómetros, en el que, antes de la llegada de los europeos, la tribu Pennacook pescaba salmones y esturiones enormes. No necesitaban trabajar mucho, la abundancia del río y de los bosques hacía que considerasen esa tierra un paraíso. Luego, durante el siglo XIX, el río sirvió de vertedero para la industria textil, papelera, minera y curtidora y se siguió llenando de residuos químicos durante todo el siglo XX, hasta que en 1960 ganó el *premio* de ser considerado uno de los ríos más contaminados de Estados Unidos. En la actualidad hay todo tipo de proyectos de limpieza y recuperación, también, por fin, de juicios y multas a los contaminadores. Pero casi un siglo de acumular metales pesados como el mercurio, el arsénico, el plomo, el cadmio..., bifenilos policlorados, ácidos perclóricos y todo tipo de mierdas convertirán esta limpieza en algo complicado y carísimo en tiempo y dinero.

John Thoreau se cortó con su navaja de afeitar y murió a los pocos días de tétanos y Henry sintió que debía recordar y escribir aquel feliz viaje con su hermano río abajo. Quienes hemos bajado por algún río salvaje encima de una barca precaria, en un trayecto corto o largo, entendemos y saboreamos *Musketaquid* desde nuestra propia memoria. Mi primera y vieja zodiac, con 25 años de vagabundeos, acabó desfondada en el contenedor de los plásticos. El río que había recorrido treinta años antes había tenido un agua prístina y llena de peces pero hoy se parece a la sopa contaminada del Concord aunque aquí no hay intención ni dinero para recuperarlo. Pero, como decía Henry en *Walden:* «Solo amanece el día para el que estamos despiertos». Sé que una generación ha comenzado a despertarse. Manchan un Van Gogh con salsa de tomate o hacen sentadas a la puerta de los institutos porque todavía no saben la fuerza que tienen.

Ya que este día por estas páginas no ha parado de salir vino y uvas, nos hemos acercado esta tarde a nuestro Museo del Prado porque quiero enseñar a Guillermo un cuadro en concreto. Esto lo hacemos mucho, es nuestro pequeño vicio familiar. Volvemos a algunos museos para ver o volver a ver solo una pintura o dos. Recuerdo ahora, de nuevo, aquella visita al Museo d'Orsay para admirar *El origen del mundo* de nuestro querido loco Courbet de quien ya te he hablado. Entonces Guillermo debía de tener ocho o diez años. Todo muy políticamente incorrecto. Pero hoy estamos en Madrid y le digo que tiene que imaginar por un rato que se encuentra en el año 1630, poco más o menos. El vendedor de tierras de colores, aceites y otras alquimias de la calle Hortaleza ve entrar a Juan Fernández y se le ilumina la cara. Le conoce muy bien. No se distrae por el apretón de manos con tacto de cuero roto ni por sus ropones de pueblerino recio o su tez requemada de campesino antiguo. Es un cliente bueno que adquiere los saquitos de polvos sin regatear, sabe bien lo que quiere y además compra mucho. Juan Fernández viene a la

Corte una vez al año, poco antes de las fiestas de la vendimia, cuando llegan las rentas de los campos a Madrid y los ricos, siempre roñosos y esquinados con las cosas del arte, escatiman menos el precio de sus cuadros y pagan lo que pide. Poco a poco su fama se ha ido extendiendo. Incluso tiene compradores de abolengo, como un embajador de Inglaterra y un marqués italiano, y un comerciante de las Provincias Unidas de los Países Bajos manda cada año a Madrid a su hijo con buenos dineros para pagar dos de sus bodegones de uvas, bellotas, manzanas y nueces, que luego revende allí multiplicando por diez su precio.

Me invento para Guillermo que cuando vuelve a su pueblo, llevando él mismo las riendas de sus mulas murcianas, se detiene a descansar siempre en la posada del Lliso tras cruzar la barca de Talavera, duerme en cama, pide estofado de liebre y una jarra de vino de San Martín de Valdeiglesias. Juan se siente más labrador que pintor y cuando ara él mismo las fanegadas de su tierra extremeña con la recua, cuando estercola, bina, vendimia o deja descansar el secano, siente que también hace arte. En el lienzo que sostiene el caballete está pintando ahora lo que va a cosechar en pocos días, unos simples racimos de uvas, cada cual con su color, su forma, su variedad y su gusto. Aunque hace el dibujo rápido y se apresura a mezclar los colores para dar con los tonos precisos, luego tarda muchas semanas en acabar la obra, saborea las pinceladas despacio como hace con su vino.

La pintura que hemos venido a ver al Prado es un bodegón con esos cuatro racimos de uvas, tres blancas y uno de tinta. Ya hemos dicho que su autor es Juan Fernández *el Labrador* y ya hemos escrito por ahí, poco más atrás, que hay millones de hectáreas de vides plantadas en nuestras tierras. Además aquí tenemos la exótica costumbre de despedir el fin de año y saludar el año nuevo atragantándonos con doce uvas que mal masticamos al ritmo de las doce campanadas finales de un reloj madrileño. Imagínate, le digo, tal como maltratamos los acuíferos que riegan nuestras vides, sin filoxeras ni otros monstruos por medio, es posible que dentro de ochenta o de cien años para ver un racimo de uvas tendremos que visitar un museo o buscar una imagen en internet, como hacemos hoy con el dodo o con una planta también extinta y mítica llamada silfio. Guillermo se ríe por cómo he utilizado al vino para hablar del cambio climático. Panfleto total. Lo del dodo lo conozco. Me dice. ¡Pero no sé nada del silfio! ¿Eso que es? ¿Se come? ¿O también se hace vino o sidra con eso?

11

ALGUNAS OLVIDADAS EXTINCIONES

Los europeos hemos ganado alguna que otra pequeña batalla contra la destrucción del Planeta. A Guillermo le hablo muchas veces de Jacques Cousteau, el famoso explorador submarino francés que nos mostró por primera vez por televisión y a todo color los mares y océanos del mundo. Pero ahora le cuento cómo en 1989 dirigió una expedición al río Danubio, el segundo río más extenso de Europa, que se encontraba en estado crítico debido a los vertidos industriales y agrícolas sin tratar, así como a las aguas residuales de las ciudades situadas a lo largo de su curso. El agua estaba tan envenenada que no solo no podía beberse ni siquiera depurada sino que tampoco se podía utilizar para regar ningún cultivo. Yo mismo había hecho un viaje por Alemania y Austria por esos años y pude constatar que el río era una enorme cloaca.

Cousteau y su equipo recorrieron y mostraron los 2.850 kilómetros del Danubio, desde su nacimiento en la Selva Negra alemana hasta su desembocadura en el mar Negro. Analizaron sus aguas, estudiaron la vida del río y hablaron con sus ribereños. No podía ser que el Danubio, el Po, el Rin, el Ródano y otros grandes ríos agonizasen a la vista de todos los europeos de entonces. Los resultados y las imágenes de esta expedición impulsaron la creación de la Comisión Internacional para la Protección del Danubio (ICPDR). Este año, mientras comenzaba a escribir este panfleto, volví a ese río. Esta vez fui por allí ligero de equipaje, menos de diez kilos para veinte días. Planeamos un viaje en bici de Viena a Trieste por el camino más largo. La bicicleta nos llevó por los caminos, sendas, carreterillas, andurriales, bosques, montañas, llanos y ríos de una pequeña parte de Austria, Eslovaquia, Hungría, Eslovenia e Italia. Bicicleteamos por Viena, Bratislava, Podersdorf am See, Hegykő, Lutzsmannburg, Szombathety, Szentgotthárd, Oberlafeeld, Máribor, Liubliana, Kranj, Bled, Dovje, Koca na Gonzu, Soca, Bovek, Modrejce, Gorizia y Trieste. Atravesando una y otra vez las fronteras de los reinos de un Imperio austrohúngaro que ya no existe, también del borrado Telón de Acero del que aún quedan restos de alambre de espino oxidado. Ahora el Danubio estaba limpio. Cousteau ganó esta pequeña batalla. Durante nuestro paseo vimos muchos vieneses y vienesas haciendo pícnic en sus orillas, nadando en sus aguas y comimos peces del río en muchos restaurantes. Europa se gastó mucho dinero en recuperar su Danubio, de nuevo azul como en el vals de Johann Strauss II.

Decía Miguel Delibes: «la bicicleta se me reveló como un vehículo eficaz, de amplias posibilidades y cuya autonomía dependía de la energía de mis piernas»; y Henry Miller escribe:

Si necesitaba reparación, Ed Perry trataba mi bicicleta con guantes y siempre revisaba que las dos ruedas estuvieran alineadas. Con frecuencia me hacía composturas sin cobrarme, porque, como decía, nunca había conocido a un hombre tan enamorado de su bicicleta como yo.

La bicicleta sí utiliza una energía renovable, sostenible, verde. Viajar en bicicleta es algo mejor que tomar un avión y conocer Europa en automóvil. Hoy la movilidad personal y el transporte de mercancías emiten el 29% del CO_2 mundial. En muchos lugares de la tierra se siguen desplazando en bicicleta porque son pobres y no tienen dinero suficiente para comprar un vehículo a motor. En algunos de los países más ricos del mundo la ciudadanía utiliza la bicicleta porque es lo más sensato, no contamina, es rápido, cómodo y garantiza un ejercicio saludable.

Sigo hablando con Guillermo de mi paseo por ese Danubio limpio, pero quedaba pendiente que le contase algún desastre ecológico antiguo, una extinción remota por culpa de ciertos ambiciosos y que ya los sabios de entonces consideraron una gran catástrofe medioambiental. Hoy la deforestación de las selvas y bosques por tala o por quema también libera importantes cantidades del CO_2 que almacenaba su biomasa. La deforestación también destruye la enorme capacidad de los bosques para absorber CO_2 de la atmósfera y refrescar el aire. Estos bosques lluviosos juegan un papel muy importante en la regulación del clima global. Pero el Amazonas brasileño se quema, lo quemamos, para cultivar soja o criar ganado, y las selvas de Indonesia, Borneo, Sumatra, Malasia, Colombia, Perú y El Congo se arrasan para plantar palma de aceite y fabricar una grasa barata que está presente en casi todos los alimentos procesados del súper. En esos bosques enormes, los más grandes del mundo, también vive la biodiversidad más rica y más rara. Extinguimos sin saber siquiera qué extinguimos. El orangután o el tapir son muy visibles pero se estima que en un kilómetro cuadrado de selva amazónica hay 10.000 especies diferentes de plantas, 40.000 especies de insectos, 1.500 de aves, 500 de reptiles y anfibios y 100 especies de mamíferos, la mayoría únicas. Como ahora tenemos *georradares* en los satélites para medir esta destrucción con total precisión sabemos que en 2023, el año en que escribo este panfleto, según el Instituto Nacional de Investigaciones Espaciales de Brasil (INPE), se deforestaron 11.568 kilómetros cuadrados de selva amazónica. Entre el 2019 y el 2022, durante la presidencia de Jair Bolsonaro, se destruyeron más de 45.500 kilómetros cuadrados de selva brasileña. Imagina la biodiversidad que habitaba esos bosques. Yo no puedo imaginarla.

Pero no quería hablarte de plantitas selváticas como la *Vismia baccifera*, la quina roja, la catuaba, la graviola o la copaiba cuyos principios activos pueden curar algunos tipos de cáncer, sino del misterioso *silfio*, un planta que crecía en el monte bajo de algunos lugares de lo que hoy es un estado fallido del norte de África. Los últimos botánicos que visitaron Libia en 2010, un año antes de la guerra, tuvieron que conseguir con paciencia y buenos contactos diplomáticos todos los permisos y papeleos para poder moverse en libertad vigilada por unos andurriales semidesérticos donde solo había dos o tres pastores temerarios y algún cuartelillo con un radar no lejos de la costa. Alguno hasta tuvo el privilegio de conocer a Muamar, un hombre raro y educado, encerrado tras una máscara de piel que había decorado el bótox o la cirugía estética, y buen conocedor de los garamantes y del mar de agua que guardaba su desierto.

¿Sabías que de cuando en cuando, a lo largo de la última mitad del siglo XX, habían llegado hasta allí botánicos o espías de la CIA, desde Harvard, Bolonia, Chicago, Debrecen, California y Tubinga, con el pretexto o la misión de rastrear la famosa planta extinta sin ningún éxito? Incluso el propio Gadafi, cuando comenzó sus famosos proyectos de prospección del mar de aguas fósiles que escondía Libia, había enviado a sus mejores científicos tras el mítico «silfio» sin encontrar tampoco nada salvo muchas monedas griegas acuñadas en plata, alguna hasta de oro, con el dibujo esquemático de la flor y su semilla.

Pero viajemos por el tiempo un poco más atrás, que sé que te gusta. Unas docenas de colonos griegos originarios de Thera, donde dicen que una vez estuvo la Atlántida, llegaron a estas costas africanas en el 630 a. C. y fundaron la aldea de Cirene. Pensaban comerciar con aceite, vino y atún seco pero el poblado se convirtió en una prospera ciudad gracias a la recolección, preparación y comercio de una planta misteriosa que solo crecía por allí. Heródoto, Teofrasto, Plinio el Viejo… no hay sabio antiguo que no alabe sus virtudes y el precio altísimo que se pagaba en todo el Mediterráneo por sus flores, sus semillas y sobre todo por su savia seca, que los griegos llamaron «silfion» y los romanos «laserpicio». La planta era una rica verdura si era asada o cocida, un condimento exquisito para espolvorear seco sobre cualquier vianda, el ingrediente imprescindible de perfumes, fármaco eficacísimo para mil males: mordedura de perro o alacrán, cataratas, caries, ceguera, sangrado de nariz, carbunclo, ictericia, hidropesía, remedio contra envenenamientos, afrodisiaco mítico, anticonceptivo seguro y fácil... Incluso el ganado que se alimentaba con la planta tenía una carne deliciosa. Dice el botánico griego Teofrasto en su Περὶ Φυτῶν Αἰτιῶν (*Sobre el origen de las plantas*):

> El silfio tiene una gran cantidad de raíces gruesas; su tallo es como del tamaño de un codo, y es casi tan grueso; la hoja, que ellos llaman *maspeton* es como el apio: tiene un fruto ancho, que es como la hoja, por así decirlo, y le llaman *phyllon*.

Pero ya te digo que no hay mejor descripción del preciado yerbajo que los diversos y minuciosos dibujos labrados en todas las monedas acuñadas allí por aquella época.

Luego los Ptolomeos conquistaron el territorio Cirenaico para quedarse con el mercado de esta especia y más tarde, por el mismo motivo, se instalaron los romanos. Pero en poco más de un siglo la riqueza del comercio del silfio se agotó. La planta solo crecía salvaje y a su albur. Todos los intentos por domesticarla o trasplantarla a otros lugares fracasaron. Las autoridades establecieron cupos, cotos y vedas a su recolección pero casi nadie los cumplió, así que se extinguió. Plinio escribirá apesadumbrado que la última de las plantas de silfio de Cirene, el último tallo, se lo regalaron a Nerón metido en una preciosa caja de madera de argán recubierta de plata.

Desde entonces, durante dos mil años, todos los botánicos del mundo han querido identificar y localizar sin éxito a esa pérdida ¿umbelífera?

Y ahora te cuento un pequeño secreto. En 2011 cuando comenzó la guerra contra Gadafi, desde febrero a octubre, hubo un intrépido botánico que siguió con su búsqueda porque en el vallecillo de sus pesquisas no había bombardeos ni tiros. Su guía era un anciano pastor medio ciego, que había ayudado a Kemal al-Din y al conde Almasy, y aseguraba que conocía un lugar en donde aún crecía el silfio. Uno de esos días inciertos caminaba por un *wadi* sin nombre cuyas aguas de antes habían rajado la piedra con una hoz perfecta. Aunque era octubre y casi no había llovido, los paredones verticales estaban húmedos y los treinta metros de suelo llano del fondo estaban tapizados por un sinfín de flores y arbustos verdes. Entonces, en una elevación de rocas que parecía la ruina de un pequeño templo, a doscientos metros de la entrada del cañón, vio varios ejemplares en todo su esplendor, idénticos a los que había grabados en los didracmas. (Pon música de tensión a la escena.) De pronto sonó un camión detrás. Habían visto las mulas. No pudo ni acercarse. Disparaban al aire, gritaban, les ordenaban arrodillarse y alzar los brazos. Le llevaron a Bengasi detenido. En el tumulto de entrada a la comisaría todos se paran a ver lo que escupía una televisión gigante y comienzan a gritar insultos en árabe que no lograba entender. Aparecía en bucle, una y otra vez, Muamar harapiento, sucio, despeinado, con sangre, suplicando clemencia con ojos de terror. Dicen que le sodomizaron con el cañón de un fusil o con la bayoneta. Luego le pegaron dos tiros en las tripas, le arrancaron la ropa y el cabello porque todos los soldados querían llevarse un *souvenir* del vencido tirano. Nuestro amigo el botánico logró salir del aprieto de milagro.

Luego pudo volver al lugar tras la guerra, después de conseguir los permisos de los nuevos soberanos del erial y del petróleo. El anciano guía había muerto por el covid-19 y le costó varias semanas andar y desandar las mil quebradas de la meseta, dentro de un Toyota artillado con una ametralladora, acompañado de un soldado y un chófer que informaba cada tarde a los suyos por dónde andaba el extranjero, hasta dar por fin con el riachuelo. Habían dinamitado parte del paredón derecho del cañón y también la elevación. Luego habían excavado y removido toda la tierra con algún tipo de *bulldozer* buscando quién sabe qué carroñas o tesoros. Habían amontonado varios sillares grandes y columnas rotas de factura romana, agujereado el suelo aquí y allá y arrasado con todo. No había ni rastro de la planta. El expolio de yacimientos arqueológicos es un oficio casi tan antiguo como extinguir lo vivo si tiene algún valor y también si no lo tiene.

Antes el silfio y ahora la *Vismia baccifera*, la quina roja y la catuaba del Amazonas. Al menos lo del silfio fue por avaricia, la destrucción de la selva también pero de forma mucho más grosera porque ahora sabemos de verdad lo que estamos perdiendo.

Sé que te gustan las batallitas que te cuento sobre el extinto silfio, las vides filoxeradas o el trigo de Vavilov y Agnes, pero la paralización de la AMOC te ha dejado preocupado. Los problemas fundamentales del porvenir de los europeos serán, en pocas décadas, tres: qué comemos, cómo lo producimos y con qué lo regamos. Entonces depender de las importaciones ya no será una opción. También la India y el sudeste asiático, América del Sur y las franjas fértiles subtropicales de África se pueden quedar sin gran parte de su agricultura. Lo paradójico es que para China, Rusia y Norteamérica el AMOC no será un problema climático tan grave así que es previsible que se muestren remolones a cambiar cualquier dinámica de sus sistemas económicos y energéticos.

En las próximas décadas, según se vaya confirmando este fenómeno, se incrementará todavía más el acaparamiento de tierras fértiles por todo el planeta. Ya se habla de una «fiebre por la tierra». Grandes compañías como la suiza Glencore, las estadounidenses Cargill, ADM y Bunge o la francesa Louis Dreyfus Company, fondos de inversión como BlackRock, The Carlyle Group, Goldman Sachs y Morgan Stanley tienen en propiedad, explotan o mantienen en barbecho cientos de miles de hectáreas de tierras de cultivo en América del Norte y del Sur, Europa y Asia. También se han asegurado el pan algunos megarricos como Bill Gates con 242.000 hectáreas de tierras de cultivo por todo Estados Unidos, Ted Turner con 202.000 hectáreas o Jeff Bezos, el fundador de Amazon y cuarto mayor propietario privado de tierras de cultivo, con más 162.000 hectáreas. Que ahora, seguro que son más hectáreas. Estos no se quedarán sin lechugas, tomates o lentejas para la familia. Este tipo de acaparamiento también es una forma de bunkerización, de sálvese quien pueda.

Con sequías permanentes en el sur de Europa y heladas de meses y meses en el norte, la tecnología, el ingenio y el dinero, mucho dinero, propondrá cultivos hidropónicos en garajes, como hoy cultivan los traficantes la marihuana ilegal, o en inmensos invernaderos calefactados. No lo sé. No me quiero poner tecnoutópico.

Tal vez, al final, la principal razón que propicie un cambio de mentalidad vaya a ser, «las tres preguntas del millón»: ¡¿Qué comemos, cómo lo producimos y con qué lo regamos?! Con el calentamiento global nos jugamos el pan, la comida. En Europa hace mucho tiempo que la comida *es eso que engorda*, *eso que preparan los restaurantes con estrella Michelin*, *eso que abunda en proporciones y en una diversidad increíble en los supermercados*. Pero la comida separa

la barbarie, el caos y la muerte de la supervivencia.
Sin comida la sociedades se disuelven y comienza
lo inimaginable. Por eso hablo tanto aquí de lo obvio, del alimento más ancestral y sagrado: el pan, el
nuestro, el de cada día.

TODA UNA SERIE
DE CATASTRÓFICAS DESDICHAS

Estamos escuchando *Musica notturna delle strade di Madrid, Op. 30 n.º 6*, un quinteto para instrumentos de cuerda que compuso el gran Luigi Bocherini para la corte española en 1780. Luego pones «*Dulce introducción al caos*» de Extremoduro. Me dices que una seda invisible une a ambos artistas y músicas. Todo está conectado.

Guillermo sabe bien que no soy biólogo, ni físico, ni climatólogo. Mi nivel de compresión de las diversas revistas que leo, como *Nature* o *Science*, o de investigaciones que busco en Web of Science, Scopus o Google Scholar es limitado. Mi trabajo como sociólogo consiste en hacer encuestas, analizar datos estadísticos y también discursos sociales, la famosa «opinión pública». Desde ahí, como investigador social, ver y analizar por qué no hacemos nada para parar el cambio climático me resulta intrigante, sorprendente, también desolador.

Me asombra observar cómo en este punto chocan los científicos colapsistas con los industrialistas o tecnologistas, casi siempre físicos y biólogos contra sociólogos y economistas. Pero en este panfleto solo estoy como padre, como ciudadano corriente, moderado lector, un tipo de más de cincuenta años al que no le van a alcanzar mucho las consecuencias de este desastre pero al que le indigna y preocupa la citada inacción, la escasa capacidad movilizadora de tantas evidencias mostradas por la ciencia. Ayer, por ejemplo, un futuro ayer cualquiera, el dato que antes he citado del colapso de la AMOC para el 2047 ha ocupado cierto espacio en los diarios, uno o dos días, para luego desaparecer bajo la avalancha de otras noticias.

Parte de este panfleto lo escribí pedaleando en verano por el antiguo Imperio austrohúngaro. Fue una sensación bien curiosa atravesar en paz todos esos paisajes por los países más desarrollados y amables del mundo mientras escribía por la noche, en la tienda de campaña, mi versión de *El mundo de ayer*. Aunque nada de trenes de vapor, Compagnie Internationale des Wagons-Lits y hoteles purpurinos para sisiemperatrices y franciscosjosés maníaticos de los *gulash*, la *sachertorte* y el caviarín ruso con champañaco fino. *El mundo de ayer,* de Stefan Zweig, me pareció siempre muy pijolandio, él no podía evitarlo. En cambio *El tiempo de los regalos*, de Paddy L. Fermor, mochilero de dieciocho añitos, recorriendo Europa a patita del 1933 al 1935, tiene todavía una frescura deslumbrante. Esa estela quería seguir. En Viena visitamos la casa-consulta de tito Sigmund Freud y la manzana Karl Marx. El Gobierno socialista de Viena, entre 1923 y 1933, propició la construcción de 65.000 viviendas sociales. Luego llegó la anexión y el *Judenvermögensabgabe*, la obligación para los judíos de vender sus casas y negocios a cualquier precio (además les cortaban el gas para que no se suicidasen, al menos no de esa forma). Luego el gas se puso de moda para otros asuntos, ya sabes, las cámaras. Freud & family pudieron salir por pies con todos sus bibelots y divanes hacia Londres. Muchos no tuvieron esa suerte. Dicen las malas lenguas que en Austria no hubo desnazificación.

Como sociólogo, además de este encogimiento de hombros global, me espanta el argumento *colapsista naturalista*, cuyo relato se basa en afirmar que, si de verdad se está produciendo un cambio climático, es algo «natural» y no provocado por la humanidad. Ya hemos comentado la excusa de que ya se produjeron calentamientos y enfriamientos diversos en tiempos pasados más o menos remotos, y también otras extinciones que marcaron el fin del Ordovícico, Devónico, Pérmico, Triásico y Cretácico. Se trata de una «teoría del *reset*», más o menos brutal según el nivel educativo y la mala baba de quien la formule:

Somos muchos en la Tierra, que mueran unos cuantos miles de millones de personas, ya sea por una peste, un azar astronómico o el cambio climático es casi saludable para el planeta.

Es evidente que quienes firman esta burda tesis piensan que ellos se contarán entre los sobrevivientes:

La tierra no será un completo desierto, siempre habrá lugares en los que algunos estaremos a salvo y a los demás que los jodan.

Escribí estos pensamientos en Bratislava, en Eslovaquia, tras comer morcilla «krvavničky» y una salchicha ahumada picante «klobása». Luego, camino del lago Deneusiedler, saltando la frontera austriaca y húngara aquí y allá, pasábamos por enormes campos de cereal, soja, arroz, maíz y comimos algunas veces siluro guisado, lucioperca frita, rica, rica. Ya contamos en *España no es país para ríos* que en 1974 el biólogo Roland Lorkowski trajo del Danubio treinta y dos alevines de siluro y los liberó en el Ebro, en el embalse de Mequinenza. Traslocar especies exóticas siempre nos ha encantado a los humanos. No nos pongamos estupendos, el maíz que llena estos campos también es exótico, ¿invasor? Mientras discuto con mis amigos de ruta el calor agobiante que estamos sufriendo, 38 °C, nos hemos parado a robar exquisita fruta madura e imaginar cuándo llegaron los otomanos con sus melocotones y cerezas por estos vallecitos. En la parte austriaca pasan por estas carreteras secundarias muchos coches eléctricos. Por la parte húngara hay más de gasolina.

Seguimos pedaleando a través de enormes cultivos de cebada y trigo, girasol, también lavanda o anís, para hacer cervezas deliciosas y licores verdes, albaricoques y guindos, codornices, faisanes y liebres gigantes saliendo al paso entre enormes cosechadoras que de cuando en cuando comparten nuestros caminos de tierra. Hace mucho calor... Esta frase la anoté mucho en mi cuaderno de viaje.

Al final del día nos dimos un largo baño en el lago Deneusiedler, flotando con la barriga al sol como condes Leopold Berchtold sin ganas de comenzar guerras históricas. Al día siguiente acampamos junto a un balneario húngaro, que no todo iba a ser *sangre sudor y lágrimas el Cid cabalga*, pensamos que unos barros y unas aguas calientes del fondo de la tierra, con su Fe y su U-235 radioactivo, o peor, nos amojamarían los músculos del alma lo suficiente para seguir hacia el sur, deseando llegar a los bosques eslovenos y ver ríos turquesa llenos de truchas gordas. Anoto también que nos parece mentira que puedan hacer estos austrohúngaros ensaladas de col y patata tan exquisitísimas, siluro delicioso y esos filetes empanados de cerdo, los *wiener schnitzel*, jugosos y crujientes, que sin duda luego copiaron los milaneses y mi abuela Ángela.

Tras superar calorinas inquietantes en estas altitudes, sufrir una granizada gorda y ver cómo una tormenta de verano se llevaba volando una de las tiendas por la gran llanura europea, acabamos en Szombathely, una ciudad húngara en la antigua Ruta del Ámbar. En el año 43, el emperador Claudio la nombró colonia romana con la denominación de Colonia Claudia Savariensum y James Joyce imaginó y escribió que el padre de Leopold Bloom era un húngaro de aquí, de Szombathely, emigrado a Irlanda. Así que *Ulises* era austrohúngaro antes que irlandés.

Más tarde, ya por tierras del tocahuevos de Slavoj Žižek, que es como el Ojete Calor del postmarxismo trufado de lacanianismo pop, llegamos hasta Máribor. Cincuenta kilómetros atrás esta parte de Eslovaquia acaba de sufrir el mismo enorme tormentón que nos voló la tienda el otro día. Contemplamos por el camino cultivos arrasados, arboles gigantes, robles y abetos, tronchados y casas reventadas. Un desastre que se ha deslizado a lo largo de la frontera eslovena sin tocar Austria. En nuestra fragilidad de nómadas ciclistas esta vez nos hemos librado por los pelos del peligro. Austria envejece en su perfección y vemos, en un nido de verderones hecho en el poste de un parque, la vida frágil que se salva y prospera tantas veces superando apocalipsis e incertidumbres. No sé por qué prefiero hoy a Cioran que a Žižek; el Cioran optimista en su voluntad de pesimismo: «Todo está perdido: quedan los bárbaros. ¿De dónde vendrán? No importa».

Cuento a Guillermo que aquellos días sufrimos «toda una serie de catastróficas desdichas», eventos climatológicos extremos que en el resto de Europa apenas han ocupado en los informativos los cuatro segundos de una anécdota más pero a nosotros, al ir en bicicleta y dormir bajo una fina lona, nos han parecido importantes. Cambia mucho el asunto si eres tú quien sufre la inundación, la calorina, la sequía, la tormenta, el huracán o el incendio a si quienes los sufren son los habitantes de Bangladesh o Malawi, Pakistán o Perú. En Europa comenzamos a ver en algunas ocasiones inundaciones o sequías catastróficas...

En 2022 y 2023 quedaron fuera del agua en algunos lugares del Danubio y del Rin las llamadas «piedras del hambre», piedras talladas con inscripciones que se encuentran en los lechos de los ríos de Europa. Datan de los siglos XVI al XIX y se grabaron durante períodos de sequía extrema. En el río Elba, cerca de la ciudad de Děčín, hay una piedra de 1616 en la que tallaron «Si me ves, llora». En el río Rin, cerca de la ciudad de Kaub, hay otra piedra del hambre que data de 1473 y en la que escribieron «Cuando me veas, sabrás que el agua es escasa». En el río Loira, no lejos de la ciudad de Orleans, en la piedra pone: «El hambre es peor que la guerra».

Un año antes, en 2021, hubo grandes inundaciones en Alemania, Bélgica, Luxemburgo y los Países Bajos. En los estados federados de Renania-Palatinado, Renania del Norte-Westfalia y Sarre fueron los eventos climáticos más mortales desde la Segunda Guerra Mundial y murieron 180 personas. En 2023, la sequía azotó España y sobre todo la región de Cataluña pero, tras el asombro y el lamento, aparecieron diversas soluciones tecnológicas. Si no tenemos agua para que los turistas consuman 500 litros al día, enviaremos unos cuantos barcos cisterna con agua dulce fabricada en las maravillosas desaladoras que construimos hace años y que teníamos infrautilizadas. Nadie se plantea hacer en serio una verdadera revolución con el asunto del agua dulce, para que se deje de derrochar y no acabemos convertidos en parte del Sahara o en los nuevos garamantes.

Muy ufano, con tonillo heroico, cuento a Guillermo que en el viaje austrohúngaro solo tuvimos tres pinchazos, la rotura de un plato propulsor y un disco de freno; y que pegamos un salto en tren para llegar antes a los Alpes julianos y descansar un día en Liubliana. Desde allí anoté que le llamé por teléfono para preguntarle si habían salido en los noticiarios las tormentas de esos días que habían arrasado muchas hectáreas, bosques y casas de los campos de

Hungría. Me dijo que nada. Pero que Madrid habían llegado a los 40 °C y que el calor es bastante insufrible si te alejas del aire acondicionado. Me cuenta que lo que sí está saliendo mucho, de nuevo, un año más, es el desastre del Mar Menor.

Esta ciudad de Liubliana, como todo el mundo sabe, fue fundada por Jasón y sus argonautas tras robar el vellocino de oro a un especulador inmobiliario. Nuestro héroe atravesó con su barco y a toda vela el mar Negro, subió por el Danubio y luego remontó el río Sava. El famoso vellocino estaba fabricado con las doradas hebras de la *Pinna nobilis*, un mejillón gigante que antes proliferaba por todas las praderas de posidonia del Mediterráneo, incluido nuestro agonizante Mar Menor. Todavía quedan retales del famoso vellocino dorado en los tapetes sagrados de algunas iglesias de la ciudad. También hay hilos dorados de vellocino en la lencería fina de alguna bisabuela eslovena tejida antes de que el comunismo impusiera la bragafaja con refuerzos ideológicos. Hasta los trajes de los buceadores del Nautilus de la novela de Julio Verne estaban fabricados con este tejido maravilloso con el que se comerció desde antaño. También en la Piedra de Rosetta se cita a ese extraño tejido y hasta Yahvé le dijo a Moisés que extendiese un mantel de esta tela en el primer altar que hizo para colocar las famosas tablas de los Diez Mandamientos. Hoy el vellocino de Jasón se ha transmutado en heladerías *delicatessen*, librerías de viejo, tiendas de antigüedades y restaurantes junto al río. En Liubliana, parte de sus ríos circulan bajo tierra y a veces se saturan e inundan algunos barrios, pero están acostumbrados. Además, disfruta de cien días de niebla al año y ha sido afectada por muchos terremotos, hay registrados en su historia más de sesenta, uno gordo cada cien años, pero luce tan fresca, tan decimonónica, tan austrohúngara y preciosa por encima de todos esos desastres. Guillermo se ríe.

Los cuatro que estamos haciendo esta ruta nos sentamos en un café que ha cambiado poco desde aquellos agridulces o felices o amargos años veinte del siglo pasado. Tenemos la engañosa idea de que entonces, como después del espanto de la Segunda Guerra Mundial, el Holocausto y las bombas de Hiroshima y Nagasaki, los intelectuales eran la conciencia crítica, los dichosos Pepitos grillos, los tipos y las tipas que desde su libertad e independencia se atrevían a advertir del tobogán del progreso hacia ninguna parte. Imagina este antes. Le digo. Joseph Roth y Stefan Zweig hablan, bromean, se cuentan chistes, toman unas cervezas y unos aguardientes de ciruela. ¡*Alemania está muerta. Para nosotros, está muerta!*, le dice Roth, siempre tan exagerado. Pero Zweig se resiste a creer en el desastre por venir. La pandemia nazi parece entonces una broma, un resfriado que se cura con caldo, reposo y unas burlas risueñas por cierto bigotito siniestro. Joseph morirá de una neumonía, exiliado en París en 1939, destruido, alcohólico. Toda su familia acabó en los campos de concentración y su mujer fue asesinada. Stefan y la suya, intuyendo derrotas por venir, se suicidaron con veneno en 1942. Más de ochenta años después, tras salir de Liubliana, paramos las bicis en uno de tantos memoriales de la venganza. Allí los nazis quemaron a veinticuatro civiles en represalia por los ataques partisanos en los impenetrables bosques eslovenos. El dibujo de una efémera y un mirlo de agua acompañan este lugar de memoria en un paraje bellísimo. Le mandé desde allí una foto del cartel a Guillermo.

Luego Sartre y Camus tomarán el relevo. Más tarde otros. Otras. La iraní Narges Mohammadi encarcelada por pedir libertad de la de verdad y la hondureña Berta Cáceres, asesinada por defender su río. Ya no son intelectuales sino activistas, también científicos. Los intelectuales ya no se atreven a decir *Vaya mierda de mundo que nos estáis dejando*. Tiene que salir Greta a gritarlo, una joven de edad escolar. Algunos dirán que ahí han estado Al Gore y su *Verdad incómoda*, Naomi Klein y *Esto lo cambia todo: el capitalismo contra el clima*, el ambientalista norteamericano Bill McKibben, los científicos climáticos Michael Mann y James Hansen, la física india Vandana Shiva, el sueco Johan Rockström, el climatólogo alemán Joachim Schellnhuber y el inglés Mike Hulme, también los incombustibles nonagenarios Noam Chomsky y David Attenborough. Cito a los que sigo y leo cuando escriben o son entrevistados en los grandes medios. En mi país se mantienen en la brecha Joaquín Araújo y Jorge Riechmann, Fernando Valladares y Antonio Turiel, que se han atrevido a exponerse y tomar partido hasta mancharse. Me acuerdo ahora también de Giorgos Kallis, Joan Martínez-Alier y Mario Giampietro explicando y denunciando las implicaciones sociales y de justicia ambiental de este calentamiento global . Hay otras, otros. No muchas, no muchos. Su exposición pública les ha valido todo tipo de odios, críticas y malos gestos en las redes sociales y los medios de comunicación más conservadores.

En toda la oferta informativa, y también en la formativa del ancho mundo *online*, las opiniones de unos u otros vendemotos o blablablás tienen hoy el mismo valor que los datos, explicaciones y análisis de los científicos expertos en el tema. El valor de lo que dices lo da la notoriedad social, la popularidad mediática o lo rico que te consideren, aunque en la cuestión del clima seas un ignorante, un tramposo o un simple idiota. Me gusta Greta, pero ella también es, en el fondo, una *influencer*. Han sido la tele, Twitter, Facebook, Instagram y TikTok quienes la han hecho importante, o sus odiadores y jaleadores en estas plazas públicas virtuales. También en estos espacios se da el consumismo y a la mayoría les encanta el sabor de los pepinillos en vinagre, *agrios*, *algo amargos* y *bien protegidos*, con sabor intenso pero sin sustancia, *haters*, odiadores cuya fama se sustenta y crece por las ocurrencias, chistes y memes que fabrica su odio y su bilis verbal. Lo peor es que, además de estos tipos, hay otros que llegan a ser presidentes de grandes corporaciones y hasta de los países más poderosos del mundo. Ya sabes dónde mirar. Alrededor de ellos siempre hay asesores, bufones, sociólogos, estrategas, pelotas y mafiosos que aplauden los bulos, las medias verdades y las estadísticas sesgadas o simplemente inventadas que enarbolan en todos los foros. Me dices entonces que por eso tú, a pesar de pertenecer a una generación denominada «nativa digital», apenas estás en las redes sociales, ni te crees nada de todo ese ruido. Te replico que eso es porque eres un viejoven de libro.

Como si la atmósfera quisiera puntualizar lo último escrito, ayer hubo tormenta de nuevo y volvió a tumbar muchos robles y pinos en las carreteras del Narodni Park. Tuvimos que improvisar y cambiar la ruta varias veces. Eslovenia es un bosque continuo. Podría ser un buen refugio climático para el futuro aunque los científicos aseguran que los mejores territorios serán sin duda Suecia, Noruega y Finlandia. Allí el clima se irá suavizando conforme el sur de Europa se vaya recalentando y resecando. Más tarde, cuando las corrientes Atlánticas se detengan tal vez tendremos que emigrar de nuevo a África.

Le cuento también a Guillermo que, como era verano, me costó dar con un sitio donde hicieran cierto guisote soñado pero cierto día, por fin, saboreamos un riquísimo *goulash* de ciervo en un refugio de montaña. El retrogusto del pimentón húngaro me recuerda a nuestro pimentón ahumado. Las cocinas austrohúngaras y extremeñas están hermanadas por esta *especia* americana. Luego le hablo del ascenso por los exigentes meandros de la carretera de los Alpes julianos en los que mides tus fuerzas y tu temple contra la gravedad. Donde tus músculos recuerdan otras subidas en tu primera bicicleta de carretera marca BH allá por los dieciséis. En este puerto de Vrsic entrenan su sadomasoquismo los reyes de la montaña italianos los meses en los que permanece abierto y libre de nieve. Luego la interminable bajada hasta el nacimiento del río Soča ha sido la mejor de mi vida. La subida desde Kranjska Gora tiene veintiséis curvas adoquinadas de 180 grados. El descenso hacia Tranta tiene otras veinticuatro curvas de 180 grados. Mil metros de desnivel en nueve kilómetros salvados bajando a toda la velocidad que permite mi trasto y mi prudencia. Este puerto ha sido un placer que solo puede entender otro ciclista vicioso como nuestro amigo Ander Izaguirre.

Antes, subiendo, de cuando en cuando, hemos visto diminutos cementerios con seis, diez, veinte soldados austrohúngaros, eslovenos, de la guerra del catorce. Bajamos al valle del Soča, Isonzo en italiano, no lejos de donde tuvieron lugar las duras batallas artilleras del frente italiano durante la Segunda

Guerra Mundial. En una de esas batallas cayó gravemente herido en las piernas un jovencísimo Ernest Hemingway, un anónimo conductor de ambulancias americano. La larga y muy dolorosa convalecencia junto a un lago italiano le permitió encontrar, a pesar de la metralla que llenaba su cuerpo, el amor, una afición de por vida por el Chianti y el oficio que le proporcionaría un desafío permanente. De aquella experiencia saldrá *Adiós a las armas*. Hemingway, más allá de su imagen machuna y arrogante, de su pose de chulito americano, sigue siendo unos de los mejores reporteros y cuentistas del mundo. Las crónicas que enviará a los diarios yanquis durante la Guerra Civil y la Segunda Guerra Mundial son una lección de periodismo.

Ese día dormimos junto al río. Su sonido nos arrulló toda la noche. Escribo un poco sobre el asunto dichoso y me vuelvo a acordar de nuestro remoto pariente ludópata cuando me espetas: *¿Esto es un panfleto o una guía de viajes?*

Banksy, «Girl with Balloon or There is Always Hope, versión de South Bank (Londres).

13

JUGANDO A LA RULETA
EN LOS CASINOS

Las Conferencias de las Naciones Unidas sobre el Cambio Climático (COP) son reuniones anuales a las que asisten los representantes de los países que firmaron la Convención Marco de las Naciones Unidas sobre el Cambio Climático (CMNUCC). La primera COP se celebró en Berlín en 1995 y la última, la COP28, ha sido la ya citada antes de Dubái en Emiratos Árabes Unidos. Ni la ONU ni las COP funcionan para lo que es importante. Igual que el Protocolo de Kioto y luego el Acuerdo de París. Solo son gestos, acuerdos de mínimos que luego no se cumplen, rituales sociales y mediáticos vistosos. Cada conferencia moviliza a miles de aviones de acá para allá. ¿16.000?, ¿20.000 aviones? Para lo que sirven… ¿No podrían hacer las conferencias *online*? Aquí también funciona el *greenwashing*: aviones que dicen volar hacia las conferencias con biocombustibles o habiendo compensado estas emisiones en proyectos que las equilibran: ¿plantan unos cientos de arbolitos? Los mayores emisores de CO_2, Estados Unidos y China, enemigos íntimos, se comprometieron a «reevaluar sus estrategias climáticas a largo plazo», reducir las emisiones de metano y, en el caso de China, a lograr la neutralidad de carbono antes de 2060. La guerra fría entre China y Estados Unidos es por ahora comercial, sin tiros y bombas; pero ambos países no podrán mantener la aceleración de su desarrollo por mucho tiempo. Los nacionalismos siguen estando muy vivos aunque todos compartamos el mismo aire, agua y tierra.

De la disolución del Imperio austrohúngaro, tras la Gran Guerra, nacieron muchos nacionalismos de opereta que luego se convertirían en la lepra de Europa. Le digo a Guillermo que cuando vuelva a Alemania merece la pena que se acerque a Dresde y visite la Gemäldegalerie Alte Meister (Galería de Pinturas de los Maestros Antiguos), para ver el tríptico de Dix. Eso que muestra su pintura es la guerra y serán así todas las guerras posteriores. Otto Dix se alistó como voluntario en el Ejército alemán. Artillero en Dresde. Suboficial de ametralladoras en la Batalla del Somme. El horror ya nunca le abandonará. Tras la llegada de los nazis al poder en 1933, Dix fue destituido de su cátedra de profesor. A partir de 1937, los nazis le etiquetan de «artista degenerado» y de sus obras dicen que son un «sabotaje al espíritu militar de las fuerzas armadas». Sus cuadros son confiscados, malvendidos y quemados en la hoguera. La carnicería que fue la Gran Guerra aún huele en todas las guerras que posteriormente imitaron y perfeccionaron sus coartadas, su tecnología y su saña. Entonces las grandes élites europeas se llenaban los bolsillos y jugaban a buscar caviar dorado, sedas modernistas y sexo satén mientras toda una generación de idealistas, obligados, inocentes y pánfilos perdía la vida en las trincheras. De esa guerra aún queda el gusto por las infamias disfrazadas de guerras patrióticas y por los lujos estúpidos. ¿Qué obra de arte iremos a visitar dentro de cincuenta años a algún museo para entender nuestra inacción ante el cambio climático? ¿Tal vez un mural del artista urbano Banksy? El titulado *Oso polar* o *Niña con globo* o *Inundación* o *No hay futuro*.

Mientras tanto estas tierras eslovenas que ahora bajamos en dirección a Italia están llenas de hayucos, muchos nogales, perales, manzanos, ciruelos por todas partes con los que los eslovenos hacen estupendos aguardientes frutales. Hemos bajado todo el río Soča desde su furioso nacimiento y ahora estamos casi en su final. El río da riqueza a los pueblos ribereños en forma de paseantes, senderistas, montañeros, pescadores, piragüistas y balseros de aguas bravas que no contaminan el río. Las aguas turquesas y heladas del Soča jamás se olvidan. Nos bañamos en él y gritamos de frío y de alegría. Luego me he encontrado, ya a 170 metros sobre el nivel del mar, la primera higuera eslovena. Hace algunos años encontraron nueve higos fosilizados del 9400 a. C. en el yacimiento arqueológico Gilgal I, en el Valle del Jordán. Civilizamos mucho antes a las higueras que al trigo. Yo tengo un máster en higos. Higos frescos, higos secos, subirse a la higuera, tocarlos para sentir cuáles están maduros. Se les pueden hacer muchas mezclas y perrerías a los higos, con jamón ibérico, con jamón de pato, con mascarpone... hasta con caviar probé unos en cierto restaurante extinto y excesivo. Pero los prefiero solos, sin más lujos, recién cogidos de la higuera, frescos como las noches de septiembre. Nada tan mediterráneo y tan homérico, tan metido en el inconsciente colectivo de nuestro paladar de europeos, por muchas frutas nuevas, exóticas e inventadas que nos lleguen a la mesa. Luego, ya en diciembre, sé que te encantan los higos secos rellenos de nueces en el bolsillo para caminar por el monte. Viajar con los pies y las piernas te muestra un mundo que no se ve desde el tren o desde un automóvil o desde un avión camino de un COP. Bajar los Alpes julianos tocando lo mínimo el freno de la bicicleta es parecido a volar a ras de bosque pero sin necesidad de ningún biocombustible, hidrógeno verde o metanol verde.

Los últimos días de nuestro vagabundeo por el olvidado Imperio austrohúngaro las tormentas siguieron siendo intensas. En los medios *online* que consulto dicen que estos tormentones son debidos al cambio climático y bla, bla, bla... Los vamos esquivando gracias a los radares meteorológicos. Ayer, al despertarme, la tienda flotaba entre las aguas de un charco de un palmo. Pasamos ya a Italia por un *checkpoint* abandonado rodeado de viñas y de olivos. Hay policías dentro y salen a mirarnos y constatar que no somos inmigrantes. Por la noche bebimos un estupendo Merlot de la comarca, carne asada exquisita y unos tortellini de salvia y parmesano. Tenemos ganas de llegar a Trieste, la ciudad que, por encima de toda su historia comercial, me recuerda hoy, ya de madrugada, al nombre del batiscafo del gran inventor aventurero Auguste Piccard. En él se inspiraron Hergé para crear su profesor Tornasol y los guionistas de *Star Trek* para el personaje de Jean-Luc Picard. Le mando estas páginas a Guillermo. Me dice que no conocía al tal Piccard, a ninguno de ellos. Le cuento que el primero de todos, el auténtico, Auguste, fue un científico suizo que inventó una gran esfera presurizada que ató a un globo y en 1932 subió hasta la estratosfera, a 16.000 metros de altura. Más tarde diseñó un submarino especial que llamó Bathyscaf y en 1953 descendió hasta los 3.150 metros en aguas del mar Tirreno. Luego su hijo, también Jaques Piccard, con otro batiscafo llegó al punto más profundo del mar, la fosa de las Marianas, a 10.916 metros de profundidad. Entre ese punto tal alto y ese punto tan bajo está toda la vida que conocemos en todo el universo.

Por último vamos con las bicis en tren hasta Venecia para meter nuestras monturas en una caja de cartón y que vuelen con nosotros hasta Madrid. El lujo hoy, a comienzos del siglo XXI, se disfraza con «experiencias, arrogancia y autenticidad» como afirma el filósofo francés Yves Michaud. Cuando compras un viaje o una prenda de ropa, o un automóvil o te tomas una copa de cierto licor en cierto lugar, buscas vivir una «experiencia», sentir la «arrogancia» y la ostentación de ser un privilegiado, creer que eso que estás consumiendo es «auténtico». Por supuesto, en paralelo a la industria del lujo del siglo XX, se creó toda una industria del «sucedáneo», el simulacro y la imitación para las clases medias que querían emular así un «luxury» al que solo pueden acceder los ricos de verdad.

Pero el lujo de verdad no tiene precio, ni intermediarios, ni anuncios en la televisión, ni estrategia de *marketing*. El lujo de verdad lo construye cada cual con su inteligencia y su tiempo en libertad, su cultura y su forma de entender el sentido de la vida. Cuando tenía quince años mi gran lujo era campar por ahí con la bicicleta, tampoco muy lejos de casa, apenas ochenta o cien kilómetros con el saco de dormir como único equipaje. Hoy mi lujo es compartir un Negroni y unos alcaparrones con mis tres amigos, pero también un paseo, el sol, la última tormenta de este atardecer y la conversación de esta noche con Guillermo. ¿Hay lujo más grande que hablar de lo divino y de lo humano con un hijo? No, no lo hay.

Convengo con mi hijo que este viaje, al menos el principio y el final que hemos hecho en avión, ha sido también un derroche de CO_2 por puro ocio. Sale otra vez en la conversación mi tío bisabuelo rentista que se gastaba todo el dinero en las ruletas de Mónaco y llevaba la Derringer en la manga. Le digo de broma que algo queda de aquel tahúr en mis genes, no puedo evitarlo, también soy un derrochador y un manirroto, salvo que no llevo la pistolita de cachas de nácar metida en la alforja de la bici.

Hablamos un rato de una película de animación que acaba de volver a ver titulada *Steamboy*, del 2004, de Katsuhiro Otomo, en la que el futuro no ha progresado gracias al motor de explosión sino a la sofisticación de la máquina de vapor. También ha visto *Dune*, hay una versión antigua dirigida por David Lynch en 1984 y otra, dividida en dos partes, estrenadas en 2021 y 2024, dirigida por Denis Villeneuve. Es una versión fantasiosa de la gran sequía y el cambio climático en modo ciencia ficción. Tras el Steampunk y el Ciberpunk de *Blade Runner*, llegan ahora a las pantallas grandes o pequeñas innumerables de amargas, siniestras, agobiantes y crueles distopías. Futuros sin futuro, futuros de mera supervivencia, medievalizantes, barbarizados, aunque haya robots y naves espaciales.

Me consta que Antonio, ese antepasado nuestro, conoció en Montecarlo a otros mangantes como él. Sé que se codeó con un tal Dedrick que trabajaba con Basil Zaharoff vendiendo, a todos los Gobiernos que podían pagar en oro, piedras preciosas o cuadros de Rafael o Caravaggio, las ametralladoras que había inventado Stevens Maxim, cañones franceses sesenta-quince o Krupp de todos los calibres, latitas de biscloroetil sulfano (el mortífero gas mostaza), pistolas Broomhandle seminuevas o los últimos planos del submarino Laubeuf. También se hizo amigo de un tal Apollinaire que, como no era rico, solo respaldaba y reconvenía a otros manirrotos a cuenta del banco en el que trabajaba, pero se bebía el champán y acariciaba a las damas de compañía de sus clientes en cuanto se descuidaban. Estos tres tipos no se parecían en nada y sin embargo se sentían bien juntos, se hacían bromas pesadas cuando perdían, se sentían cómplices de las pequeñas trampas que el casino toleraba, disfrutaban del caviar y del Calvados, de la musiquilla de Verdi y de las condesas, de los desayunos excelsos que necesitan para disolver la resaca y de los paseos junto al mar para limpiar los pulmones del humo azul de los cigarrillos Murad. Pero Antonio, Dedrick y Guillaume también han descubierto que les apasiona por igual estar en un río y seducir a las truchas con unas moscas ahogadas inglesas atadas a una seda del tres y se han ido juntos algún verano precisamente al Soča y al Loue, han dormido en el suelo de cualquier cabaña incómoda, comido tocino ahumado, bebido vino barato y compartido con placer el murmullo del agua y el silencio del campo. Todo esto me lo contaba mi abuela Ángela cuando yo era un niño. Luego, cuando ella ya no estaba descubrí la pequeña novela vital y verdadera de estos tres pillos. Guillaume Apollinaire, poeta delicado, preceptor de la hija de una vizcondesa, crítico de arte, bróker de bolsa, provocador, inventor del término «surrealista», opiómano, erotómano, prolífico periodista, acusado del robo de la Gioconda, se alistará como soldado voluntario en la Gran Guerra, será herido de gravedad en la cabeza y morirá de la famosa gripe al poco de cumplir los treinta y ocho. Aunque morirá de un infarto, Antonio Jiménez será tiroteado dos décadas después por unos anarquistas o por la mano negra de otros terratenientes envidiosos o por los tres indignados hermanos de su última amante despechada. Dedrick Sigmund Rosenblum se intentará reponer de su tristeza o de la mala conciencia de haber propiciado la gran carnicería, pero también de una grave alferecía de la que morirá dos días después en un sanatorio a las afueras de París. Por lo visto este tipo, del que los libros de historia no dicen nada y que fue mano derecha del famoso Zaharoff, atesoraba una gran fortuna en varios bancos suizos y una colección de arte que donó en su testamento a cierta dama polaca a la que luego harán humo en uno de los hornos del campo de Majdanek.

Todo esto puede que sí o puede que no, le digo a Guillermo, que tu abuela también era muy novelera. Luego rebusco en mi cuaderno ciclista de notas y le leo un verso del triste Apollinaire. Otro Guillaume, como tú, le digo ¡y ya van cuatro! Debería de haberte puesto Ismael:

Jamais les crépuscules ne vaincront les aurores
Étonnons-nous des soirs mais vivons les matins*

Los versitos no dejan de ser otra variación del viejo *carpe diem*, una invocación al placer y al disfrute sin demasiados líos o lujos. Porque nuestro concepto de felicidad, de plenitud, de dicha se ha mezclado tanto con el consumismo de este modelo de progreso que ya no se puede proponer, pensar, ni siquiera imaginar otra cosa, una alternativa distinta que no necesite ruletas especulativas, ni coches eléctricos para moverse por las ciudades como ratoncitos blancos enloquecidos en un laberinto sin salida. Pero tú sabes que yo ya no aspiro a la grandilocuencia de la felicidad y sus retóricas. Para eso ya están los adictos al triunfo, los yonquis del éxito, las escuelas de negocios, los cantamañanas de los manuales de autoayuda y los sucesivos *blackfridays*. Uno no aspira a

---

* Jamás los crepúsculos vencerán a las auroras / Sorprendámonos de los atardeceres pero vivamos las mañanas.

la felicidad pero si a tocar, de cuando en cuando, la dicha. Sonríes y exclamas, con un punto de ironía: *¡Y comer tuétano asado!* Pero no entro a tu trapo y prosigo: la felicidad es como un dios exigente y tiránico, requiere nuestra credulidad, sus supersticiones y sus parroquias; en cambio la dicha, una pizca de alegría, no exige óbolos, ni cielos, ni reverencias, ni Amazon. La alegría es barata, asequible, cercana, colega, muy real y leal. A ella le vale cualquier cosa para manifestarse. No exige ni cinco estrellas, ni aplausos de multitudes, ni eróticas del poder, ni visas metalizadas. Solo el tú a tú, la intención, la intimidad, las ganas. Y hoy la chispa de alegría, de dicha, es un hueso grande y pelado sin nada por fuera, con todo por dentro.

Sí, te doy la razón. Apoyo tu propuesta de comida de hoy tras nuestro reencuentro. Mejor asar el hueso de caña en fuego de brasas, neandertal, cromañón, primitivo, con un poco de tomillo y de sal sin refinar por encima del riquísimo y grasísimo tuétano. Porque la alegría de conversar contigo, las alegrías pequeñas, cotidianas, de hueso sin carne, no nos las quita ni dios.

Bicicletas hundidas en la nieve
tras el paso de Filomena (2021).

14

ECHAREMOS DE MENOS
LAS ESTACIONES

No digo las de esquí, que también. Nos gustaba la nieve, bajar deslizándonos por las montañas a toda velocidad, sobre todo los días de ventisca y mucho frío, cuando no iba casi nadie o preferían el confort de los refugios y la taza de caldo. Después ya no, sobre todo cuando las estaciones de esquí se comenzaron a beber los arroyos para producir nieve artificial y seguir estirando unos años más el negocio. Dices que echarás de menos la primavera, el verano, el otoño y el invierno. El fulgor de las hierbas y los árboles pintados con ese primer verde intenso y diverso, las flores moradas del cantueso y las del orégano que nace entre las retamas, los helechos y las pequeñas encinas de las sendas que bajan hacia el río, esa primera tibieza del sol y la embriaguez de las aves y los abejorros. Luego el calor redondo que nos empuja al baño. También las plantas secas y brillantes, los días tan largos, la fruta madura, sobre todo los tomates y los pimientos, las noches suaves para dormir en el campo haciendo algún vivac, con un saco ligero hasta quedarnos dormidos mirando la Vía Láctea, acunados por los grillos y las casi imperceptibles voces de los murciélagos. Más tarde, y por fin, el otoño, las lluvias mansas o intensas, los rayos de las tormentas, los ocres, amarillos, rojizos de todos esos bosques mediterráneos que habían sobrevivido a siglos de talas, incendios y ramoneos, esos primeros fríos y las setas. Y el final, el fin del año, las nieves puntuales de la sierra, las heladas llenando de diamantes de escarcha los barbechos, sentir el frío en el monte cuando se pasea bien abrigado, la fiesta de encender la chimenea, asar castañas, comer doce uvas, beber cava y vino.

Con más o menos intensidad y variación, las cuatro estaciones que limitan con las líneas invisibles del círculo polar y los dos trópicos, fueron nutriendo nuestra cultura y nuestras vidas desde que se retiraron los hielos permanentes de la última glaciación. Luego hubo fluctuaciones, claro, cambios más o menos importantes, pero con la certeza de estas cuatro estaciones comenzamos a cultivar la tierra, levantar ciudades, mover rebaños y hacer versos. Ahora estamos viviendo el final de las estaciones. Nieva poco o la nieve apenas dura, llueve menos o llueven cataratas, hace más calor, mucho calor y durante más tiempo.

Hay evidencias de que las petroleras Shell y la Exxon sabían desde hace décadas, por investigaciones propias, que quemar sus productos, los derivados del petróleo, el gas y el carbón, estaba acelerando el calentamiento global y que las consecuencias iban a ser catastróficas para el clima. No dijeron nada, ni hicieron nada. ¿Las petroleras son malvadas? Que hayan usado durante todos estos años sus *lobbies* y agencias de comunicación, sus *think tanks* negacionistas y su capacidad de influencia política a todos los niveles no les convierte en Moriarty, Spectra o el Doctor No. A todos nos encantó el sueño húmedo del progreso bañado en gasolina, la maravilla de los plásticos, la revolución verde de los pesticidas y los abonos sintéticos, tener por fin calefacción y aire acondicionado y no depender de las volubles ocurrencias del dios sol y sus caprichosas nubecillas.

Explico a Guillermo que por estos andurriales, el centro de la península ibérica y más bien hacia el sur, agosto siempre fue tórrido, *ferragosto*, sofocante. Durante muchos siglos los muros gruesos y encalados, los patios llenos de plantas bien regadas, las sábanas de lino o el botijo fueron algunas soluciones precarias pero efectivas para enfrentarse a este tiempo inhóspito. El gazpacho, la limonada y la sandía eran también remedios culinarios para resistir estos días antes de que las tormentas de septiembre refrescasen por fin el aire recalentado. Luego, el invento del aire acondicionado y las neveras domesticaron hasta los veranos más salvajes. Hoy tomo una sopa muy fría de puerro, patata y almendras, el punto medio entre el ajoblanco y la *vichyssoise*, pero con su aderezo de aceite y sus hilos de jamón. El cocinero del Ritz de Nueva York, Louis Diat, inventó la *vichyssoise* casi helada durante la Primera Guerra Mundial, pero el ajoblanco ya lo guisaban los antiguos griegos y luego los romanos de antes de Calígula. Había *ferragosto* pero también invierno, primavera y otoño. Me dices que tu estación del año preferida es el otoño y yo te cuento todo eso de sus etimologías: «*Autumnus*», que significa la llegada de la plenitud del año porque era el tiempo de las grandes cosechas y de los frutos que hicieron florecer la primavera y madurar el verano. Ahora, como tenemos cosechas y frutas todo el año gracias a los invernaderos y a la globalización, ya no es el tiempo de las antiguas grandes fiestas otoñales del vino o de la sidra o la cerveza, la recogida de la uva y las manzanas.

Dicen que a los físicos y a los climatólogos les interesa sobre todo su tema: temperaturas máximas y mínimas, lluvias, humedad, salinidad, modelos predictivos…, mientras que sociólogos, economistas, políticos y muchos activistas se centran todo en la crisis ecosocial que desencadenará el calentamiento global . Algunos de por aquí, por ejemplo Yayo Herrero, no se cansan de explicar que la citada crisis se va a parecer mucho a la famosa apocalipsis bíblica, pero la sufrirá la gente con menos recursos. Otros científicos sociales, más afines al poder (sea lo que sea lo que se esconda detrás de esa palabra, corporaciones, fondos de inversión o Gobiernos, manos negras o filántropos sospechosos), defienden la posibilidad de un suave reformismo, un Green New Deal que sirva para *reparar lo roto del clima sin parar este sistema,* sin decrecer, sin alarmar a la gente con advertencias fatalistas que nos conducen al contraproducente *ya no hay nada que hacer, así que no hagamos nada.*

Pero no es cierto que a los físicos y a los climatólogos solo les importen las estadísticas de lluvia, las mediciones de la humedad edáfica o el estado de la circulación termohalina o de la Corriente Circumpolar Antártica. Los climatólogos, como son quienes mejor conocen lo que pasa y lo que puede pasar, son también quienes más se preocupan por lo que nos ocurrirá a todos. Frikis de lo suyo, como son los más apasionados de las ciencias atmosféricas se andan con menos paños calientes, eufemismos o *verdeamientos.* Es posible que algunos hayan sido sobornados por los *lobbies* energéticos y petroquímicos, o que hayan sido seducidos por algún partido político o grupo de presión; y cuando alguno de mis colegas aquí o en otros países o foros defiende la posibilidad del Capitalismo Verde, el Green New Deal o cualquier otra refundación del capitalismo pienso que no se leyeron los mismos informes del IPCC que me leí yo, o que la vida es dura y hay que vivir de algo, venderse por algo.

Pero hay muchos más que están saliendo de sus torres de marfil universitarias y de sus laboratorios y están explicando lo que pasa, en las televisiones, en las redes sociales, en la prensa generalista y en la misma calle, tomando partido hasta mancharse hasta con el célebre tinte de remolacha. Sin embargo, cuando manchar con la inocua remolacha alguna cosa, como una fachada o un león de bronce, es considerado como un delito grave es que algo huele a podrido en nuestra querida *Dinamarca hamletiana peninsular*.

Advierto a Guillermo que está de moda llamar «colapsista», con voluntad de insulto, a los científicos que advierten del peligro. Proponer que tal vez la única salida para no incrementar la aceleración del cambio climático sea decrecer equivale a ser tachado de peligroso anticapitalista comunistoide, terrorista ambiental, ecologista autoritario y amargado de la vida; «decrecentista» es otro insulto fino. Explicar, desde la ciencia, la necesidad urgente de decrecer con el fin de, ya no parar, sino al menos suavizar un poco el calentamiento global alarma, asusta, escandaliza a los ignorantes, a los superricos, a los dueños del cotarro, a los inocentes tecnoutopistas y a los relativistas posmodernos. Sé que a ti no.

Ya vimos durante la peste del covid-19 que el negacionismo se alimenta de las basurillas que dejó la postmodernidad por el mundo. Esa filosofía barata de que *todo es subjetivo* y *producto del contexto social*, incluyendo a la ciencia, las ciencias: *dos más dos cuatro, depende, yo diría que también pueden ser veintidós.* Para los científicos sociales posmodernos la ciencia es una construcción cultural, algo relativo, opinable: si no crees en Newton, ¿es posible que flotes cuando te tiras por una ventana?; si no crees que los virus nos enferman, ¿te puedes beber un vial de ébola y te sabrá a gaseosa?; ¿el método científico es una brujería más y, además, Albert Einstein ya dijo que todo es relativo? Los postmodernos creen que la ciencia es un club en el que los científicos votan y deciden afirmar en sus *papers* lo que diga la mayoría, que la verdad no existe y que el Sistema Solar es algo que está solo en nuestra mente, cuando nos extingamos desaparecerá como un mal sueño. Piensan que la ciencia se mueve por modas y que las ciencias naturales o las llamadas ciencias puras (la física, la química, las matemáticas) son construcciones subjetivas arropadas por el famoso método científico...

¡Que falla más que una escopeta de feria y cuyas conclusiones cambian más que la letra de del chachachá! ¡Primero dicen que nos achicharraremos y luego más adelante que nos helaremos!, y luego puede que sí, más tarde puede que no. ¡Primero mascarilla no y luego sí! ¡Antes los marcianos eran una coña y ahora tenéis una especialidad de astrobiología! ¡Nos fumigan los «Chemtrails»! ¡No llegamos a la Luna! ¡La Tierra es plana y te lo puedo demostrar! ¡Los reptilianos se han infiltrado entre la casta científica! ¡Y Ahora con el cambio climá-

tico antropogénico! ¡Lo que queréis es que vivamos en la pobreza, quitarnos el coche, las vacaciones y la libertad! Evidencia científica. Miles de investigaciones lo demuestran. Tienes los informes del IPCC. *¿No será CCCP, Soyuz Sovetskikh Sotsialisticheskikh Respublik? ¡El colapso ecológico es un mito! ¡Las especies evolucionan, se adaptarán al frío o al calor! ¡Además la vida en la Tierra siempre ha funcionado así! ¡Hace millones de años sí que había CO_2 y todo era una maravilla: helechos arborescentes, libélulas gigantes!*

Guillermo sonríe.

Claro que la ultraderecha también es, de alguna forma, colapsista. Siempre lo fue. A la ultraderecha, de cualquier tiempo, le encanta refundar capitalismos y socialismos, inventar al hombre nuevo, resetear sociedades y diseñar otras siempre mejores. Utopías de pesadilla. A eso aspiraron los fascismos, los estalinismos y los maoísmos en el siglo xx. Ya te he contado alguna vez esta historia parecida a la de Vavílov, la de Alekséi Feodósievich Vangengheim, jefe del Servicio Meteorológico de la URSS y «profeta» de la futura energía eólica y de la solar con su curioso «Catastro de vientos». En las primeras depuraciones soviéticas de 1934 le acusaron de «fabricar previsiones meteorológicas falseadas a conciencia para dañar la agricultura socialista»; fue uno más de los millones de científicos, técnicos, intelectuales, artistas, militares, campesinos cualificados y ciudadanos corrientes víctimas del terror estalinista. Conocemos a Alekséi por las cartas que escribió en el gulag a su hija Eleonora de cuatro años, preciosas cartas con dibujos educativos, coloreados, bellísimos. En todas partes los meteorólogos han estado en el punto de mira de los poderosos y de la gente corriente. Se les suele culpar de las sequías y los diluvios; se les recrimina por qué no avisaron a tiempo y de por qué, cuando avisaron a tiempo, su pronóstico no se cumplió. Hoy la meteorología es una ciencia muy precisa, aunque siga teniendo márgenes de error, pero la tradición social de criticar a estos científicos sigue muy viva. Mucho más ahora al pronosticar, no una gota fría o un anticiclón persistente, sino nada menos que un cambio climático muy rápido provocado por nuestra forma de vivir. Ya no están avisando de posibles heladas negras o granizadas furiosas, pertinaces, probables, huracanes o vientos de fuerza siete sino nada menos que ¡del fin de la primavera, el olvido del invierno, la extinción de los otoños! Viviremos en un permanente «buen tiempo», en un tórrido y hórrido verano sin fin.

Hace algunos años iba a esquiar con Guillermo a la Sierra de Béjar y al Alto Campoo, dos estaciones en las que ya apenas hay nieve. Lo curioso es que el cambio climático no es incompatible con que nieve más días, más intensamente y abarcando una mayor extensión. Al contrario, está aumentando la frecuencia de los eventos extremos: olas de frío y grandes nevadas. Otra cosa es que esa nieve dure muy poco en las sierras, campos y ciudades o que se derrita pronto provocando crecidas en los ríos en fechas atípicas. En la capital de España tuvimos una nevada el 7 de enero de 2021 que ha pasado a la historia con el nombre de *Filomena*. Madrid se paralizó y fue un caos durante varios días al acumular grosores de cincuenta centímetros de nieve que, además, se heló en las calles. Guillermo y otros muchos ciudadanos sacaron los esquís y las tablas de *snowboard* para tirarse por las aceras con mayor inclinación. Había que jugar.

Los modelos meteorológicos llevaban avisando del evento desde casi una semana antes y su precisión se fue afinando. Mi amigo de la AEMT nos fue enviando los mapas de previsión días tras día. *¡Preparad cadenas, leña, mantas y el licor, porsiaca!* Los meteorólogos avisaron una semana antes a «la autoridad competente» de Madrid del casi seguro nevazo y luego fueron afinando la certeza día a día hasta tener 24 horas antes más de un 90% de probabilidad de que caería una nevada de cuarenta y cinco centímetros de espesor. Una nevada como no caía desde hacía más de un siglo. Tras el colapso de la ciudad «la autoridad municipal incompetente» declaró una y otra vez por televisión, con más cara que espalda, que a ellos no les había avisado nadie. Además *¡Un 90%! ¡eso no es suficiente! ¡dígamelo con seguridad! ¿cómo voy a paralizar la ciudad si no tengo un 105% de certeza!*

Eso piden muchos responsables políticos, empresas y personas a los climatólogos que investigan el calentamiento global . *¿Qué pasará? ¿Qué día, qué mes y qué año? ¡Y con una fiabilidad absoluta! ¿Cómo vamos a cambiar este sistema, a decrecer y dejar de emitir millones de toneladas de* CO_2 *si no tengo una certeza de, al menos, el 105%!...*

Ahora habla el sociólogo que hay en mí: la llamada *alt-right, alternative right*, mal traducida como derecha alternativa, está siendo especialmente incisiva e insistente en criticar todo lo que tiene que ver con el calentamiento global , un hecho que considera un invento del partido Demócrata, si hablamos de los Estados Unidos, o de los partidos o grupos políticos progresistas, si pensamos en Europa. La etiqueta *alt-right* no deja de ser una forma de homogeneizar y blanquear un cajón de sastre que también contiene grupos racistas, supremacistas, homófobos, negacionistas del Holocausto, neonazis, trumpistas, anarcoliberales, extremistas religiosos y *crypto-bros*. Desde medios de comunicación de izquierdas españoles, a todos estos grupos, cuando tienen presencia en las redes sociales y cientos de miles de seguidores, se los ha comenzado a denominar despectivamente «fachatubers», pero esta etiqueta también blanquea, por tópica y manida, lo que hay detrás.

Lo relevante es que la suma de los suscriptores y espectadores de sus relatos negacionistas agrupa a unos cuantos millones de personas. Pero no es menos importante apuntar aquí que esos injuriosos relatos tienen un potente componente sarcástico y usan un humor tan básico como chusco que ludifica, hace atractivo, normaliza, convierte en un juego verbal atractivo sus montajes, charletas, homilías, insultos o exabruptos. Además, los algoritmos de las redes sociales incrementan su notoriedad y ellos puede monetarizar este éxito. Es decir, ciertos individuos están recibiendo dinero por decir que el cambio climático es mentira. Esta «guerra cultural» está siendo muy rentable para algunos.

Guillermo me apunta que merece la pena detenerse un poco en el último grupúsculo que hemos nombrado. Los *crypto-bros* son personas que creen que las criptomonedas están revolucionando la economía mundial, se han hecho más o menos ricos especulando con estos activos, hacen apología de su compra y uso, y venden sesiones, cursos y talleres, tanto presenciales como en las redes sociales, sobre cómo hacerse rico en este mercado. Entonces, desde la embriaguez de su éxito económico y su notoriedad pública, dan lecciones sobre cualquier asunto: automotivación o ligoteo, la organización política ideal o la abolición de los impuestos, qué marca de coche de lujo es la mejor y qué hamburguesa es la más rica, la inutilidad del sistema democrático y, claro, por qué el cambio climático es un invento de «los progres».

Sorprende además que una parte importante de las declaraciones de los *crypto-bros* incidan en lo bien que la filosofía crypto, en cierto modo preparacionista desde lo económico, les previene para ese colapso o para cualquiera de las graves crisis que están por venir. De hecho advierten que la economía tradicional va en caída libre y solo quien atesore criptomonedas salvará su riqueza. Los *crypto-bros* proponen y defienden una salvación individualista sin entender que solo las sociedades democráticas con estados redistribuidores y con un sistema de imperio de la ley y de seguridad pública pueden afrontar una crisis sin caer en ese mundo que tan bien plasmó Cormac McCarty en *La Carretera*. Si la realidad se convirtiese en la terrible distopía que Cormac describe en esa novela, ellos serían los primeros en ser aniquilados.

La Tierra vista por la tripulación del Apolo 17,
viajando hacia la luna (1972).

15

YA ES TIEMPO
PARA LA DESOBEDIENCIA

Una estrofas iban a dar comienzo a todo esto:

> Here am I floating in my tin can,
> Last glimpse of the world,
> Planet Earth is blue
> and there's nothing left to do[*]

..., pero al final puse un tuit de Donald Trump.

David Bowie tiene veintidós añitos cuando lanza el single «Space Oddity». Estamos en 1969 y la BBC pondrá la canción durante la retransmisión del alunizaje del Apolo 11, todo eso de que «este es un pequeño paso para el hombre, pero un gran salto para

---

[*] Aquí estoy flotando en mi lata / Última mirada al mundo / El planeta Tierra es azul / Y ya no hay nada que pueda hacer.

la humanidad», aunque el enorme cohete Saturn V que los empujó hasta allá arriba lo había diseñado el nazi Wernher Von Braum. Alrededor de 600 millones de personas pudieron presenciar por televisión la hazaña. Casi todos los que vieron y recuerdan aquella aventura han muerto. Mi madre y mi padre, que vieron el alunizaje en una televisión en blanco y negro alemana Telefunken. También Bowie.

Luego, en 2018, el patético Elon Musk, puso «Space Oddity» durante el lanzamiento de su Falcon Heavy. ¡Como hemos jodido la Tierra hay que colonizar Marte! ¡No hay tiempo que perder! Lo siguen llamando carrera espacial, colonización, conquista, huida hacia adelante, huida hacia la nada. Bowie tituló «Lazarus» la última canción que escribió antes de morir; en ella dice:

> You know, I'll be free
> Just like that bluebird
> Now, ain't that just like me?
> Oh, I'll be free*

***

En el siglo XVIII el gran viajero y científico Alexander von Humboldt se paseaba por el mundo anotan-

---

* Sabes, seré libre / Como ese pájaro azul / Ahora, ¿no es como yo? / Oh, seré libre.

do temperaturas, humedad y altitud con cuarenta y dos instrumentos de precisión que protegía en cajas forradas de terciopelo. Uno de los más sencillos e importantes era un cianómetro para medir el azul del cielo en cada sitio. Medir el azul era para él muy importante. El azul de la atmósfera.

De las montañas del Pamir llegó a Italia el lapislázuli, lazurita se llama el mineral, con el que pintó Giotto el cielo de la Cappella degli Scrovegni en Padua que visité un verano. Pulverizada la piedra preciosa, llamaron al pigmento «azul de ultramar». Aquel color intenso que nunca se decoloraba revolucionó la pintura en Europa. Mi abuelo la vendía en su droguería de Jaraíz en los años cuarenta aunque ya las sintéticas anilinas alemanas reinaban en el mundo de los pigmentos y de los matarratas. Hoy todavía hay pintores que usan lapislázuli triturado y las minas de Afganistán de donde sale la lazurita son las mismas que explotaban los aqueménidas, y luego Ciro, Dario I y Alejandro Magno. Las mismas de donde salieron las piedras azules que adornan la máscara de Tutankamon. El cielo de Giotto me conmovió. Los turistas yanquis que contemplaban embobados como yo las pinturas del artista florentino tal vez no sabían la conexión entre ese precioso color azul y Bin Laden. Nada como el color azul de los océanos y el de algunos ríos como el Soča que bajamos en bicicleta este verano.

Mira por la ventana, a lo mejor tienes suerte y entre las nubecitas marrones de tu ciudad puedes admirar el azul del cielo. ¿Hay algo más precioso que nuestra atmósfera? Un 78,08% de nitrógeno y un 20,95% de oxígeno. También hay otros gases y vapor de agua y polvo y un 0,035% de dióxido de carbono. ¿Tan poco CO_2? ¿Y por qué es azul? ¿Sabes que en los textos griegos de la época de Homero y luego de Sócrates y nuestro Simón de Atenas no aparece nunca el color azul o celeste o índigo o añil? Hoy cuando pensamos en el calentamiento global transformamos nuestro precioso cielo de lazurita deslavada por otro cielo pardo, rojizo sucio, marrón, gris. Sigue pesando mucho en nuestro imaginario colectivo el humo de las grandes chimeneas dickensianas y el humo gris de los tubos de escape, pero el CO_2 es incoloro, inodoro e insípido.

***

Escribo estas últimas líneas de nuevo en el campo. Aquí en la intemperie la curiosidad lo es casi todo. Sin curiosidad, la intemperie solo es un paisaje, un escenario o un decorado. Hacemos lo que más nos gusta por curiosidad, sin esperar aplauso, clic o alabanza. Como quien talla una cuchara de palo a navaja, una quintilla con algún octosílabo imperfecto, el dibujo a lápiz de un árbol desnudo, un guiso de arroz con conejo y caracoles o un texto como este en el que está mi madre pero también mis hijos y los hijos e hijas de todos mis amigos.

La imaginación y la curiosidad son nuestros tesoros. Preguntar y preguntarse por qué, cuándo, cómo y también utilizar el no sé. Casi siempre *no sé*, podría ser una definición de la ciencia. Es lo que más valoro, poder aprender tanto, lo que aún queda por descubrir, indagar, leer y mirar. Mejor en compañía y mejor solo y mejor con tiempo, sin prisas, repitiendo el mismo viaje en distintas estaciones. Y tocar. Se me olvidaba tocar. Tocarlo todo sin apretar mucho, acariciando, a veces sin que las yemas de los dedos lleguen a las escamas del ala de la mariposa *Vanessa cardui* o a las espinas del cardo mariano que crece aquí al lado. ¿Si nunca obedecí a mi madre como voy a obedecer ahora a quienes nos imponen seguir en lo mismo, el mismo destrozo, el mismo consumismo, la misma contaminación? Es tiempo de desobedecer. De reinventar la felicidad desde otro lugar que no es este. Se lo debo a mi madre y también a mi hijos.

La última conversación coherente que tuve con mi madre, de casi noventa años, fue sobre el calentamiento global . Sé por sus alumnos y alumnas que había sido una buena maestra, le gustaban en especial las ciencias naturales y la música. Ya jubilada, acabó siendo una pintora discreta. Siempre fue una lectora regular. En cuanto supe andar me regaló un triciclo y luego una bicicleta. Y dos, tres según fui creciendo. La cuarta ya me la compré yo con mi ahorros. Esa bicicleta me llevó por todas partes. A mi madre, como era ya muy mayor, le afectaba mucho el calor o el frío. A lo largo de toda su vida nunca había tenido en casa aire acondicionado, solo ventilador, pero un año por fin lo instaló. Ya nunca más calores agobiantes.

Un año, no sabría precisar cuándo, comenzaron a salir por televisión, con regularidad, noticias sobre el cambio climático. Durante esa conversación ella pensaba que todas aquellas catástrofes, sequías, inundaciones, incendios, extinciones y diluvios se estaban produciendo por su culpa. Me reí para disolver su angustia y le dije que no era culpa suya, sino de mi generación, todos unos descerebrados derrochones, contaminadores, imprudentes. Luego dejé pasar muchas semanas y volví a verla. Ese día aún me conoció. Oía y veía mal. Apenas se movía de la mesa al aseo o a la cama. Una vida diaria de ir cerrando el mundo y tomar muchas pastillas sin otra distracción que las visitas breves de alguno de sus hijos.

Dos semanas después ya no me conoció. Se agarraba a mi mano a veces. Sabía que sus dedos ya no se entrelazaban con los míos. Hubieran servido los de cualquiera. Pero no me importaba. Al menos servían. Sentí el fino filo de la vida cuando deja de serlo y ya es otra cosa, una supervivencia lejana, también dolorosa. En su destrucción estaba la mía. La desaparición de lo que una vez fui. Incluido el adolescente que volaba por el mundo sobre una bicicleta. Se borraba mi espacio en su memoria, un lugar en el que siempre me creí a salvo y en el que ya no habitaba. Ahora solo había intemperie. Ese día me alejé pronto de su lado, de una casa que ya no era la mía. Fui a la desolación invernal del río. La humedad quería helarme pero ya había venido aterido. Para ella nunca iba abrigado lo suficiente. Aun así salía siempre ligero, arrogante, con ropa de menos, ya calentaría el sol, ya se encargaría la caminata de hacerme entrar en calor. Esa sensación era la maravilla. Sentarme sobre una gran roca y sentir los rayos, con los ojos cerrados, llegando al fondo. Rodeado del sonido del agua. La nieve al fondo. El olor del tomillo cuando apenas es un brote. Fuera de allí quizá el mundo entero siguiera a lo suyo. Salté por las piedras y vadeé por debajo de la corriente para comenzar a pescar en la gran poza. Llegar hasta allí llevaba su tiempo. Por eso me gustaba. Una vez la había llevado allí. Un día de primavera precioso.

Nunca fui un buen hijo. Adolescente broncas, *rebelde sin causa*, solitario, independiente, furioso, discutidor por todo. Me alejé de mi madre a partir de los quince y luego ya no volví, aunque ella sí se acercó, siempre lo hizo. Su viaje personal e ideológico fue más grande y revolucionario que el mío en casi todo, también su tolerancia, comprensión, sentido de la justicia y de la libertad. Yo veo que he cambiado poco así que, a pesar de mi deje izquierdista, soy al final mucho más conservador que ella, más inmovilista en mi visión del mundo y mis escasos compromisos sociales. Hasta ella comenzó a separar la basura mucho antes que yo. Sin embargo sé que tengo mucho de ella, más que la nariz o ese obligado 50% de la genética. Tengo suyas algunas ideas fundamentales sobre lo que de verdad importa y también me he llevado lo pequeño: su guiso de anguila, de liebre, su sopa de tomate o de espárragos, sus buñuelos... y su última pintura. La vida nos derrota cuando mueren los nuestros. O no. No hay derrota ni guerra ni batalla. Es parte del vivir, dejar marchar y saber irse.

Nunca fui un buen hijo, pero al menos mis hermanos y mi hermana sí lo fueron. Sigo siendo un «lija», un insociable muchas veces antipático, cerrado, silencioso y solitario. Soy muy consciente de todos mis defectos, que lo son, y de que no he querido cambiarlos aunque debería. Al menos hace muchos años que ya no era así con ella. *¡¡Cómo te vas a ir al río con este calor?!, ¡Cómo te vas a pescar con esta tormenta!* Me decía siempre, cuando era niño y también de mayor. Y siempre me dejó ir a cualquier aventura lejos o cerca, fácil o arriesgada.

Los últimos años cocinamos y nos reímos mucho juntos. Esta primavera pasada, las horas de río las he sentido como días de despedida. Tenía la certeza de que el año que viene, ella ya no estaría. He pescado muchos de estos días solo, como más me gusta, sin dar cuentas a nadie de dónde estaba, sin ninguna prisa por volver a ninguna parte. Han sido días de dicha, de paz, de placer físico y también intelectual. No tienen precio tantos días de este último abril, mayo y junio, perdido por ahí, al acecho, despierto, curioso, asombrado por todo lo que el río me mostraba. Junto al río he escrito mucho de lo que he puesto en este panfleto.

Ella se está yendo en estas horas, mientras escribo estas últimas páginas. Todo es frágil, siempre lo fue. Desde los quince fui consciente de esta fragilidad y por eso arriesgo a veces lo único que tengo. Hace quince días, cuando me encontré bajo la lluvia con otro pescador solitario ya de retirada, mucho más joven que yo, me advirtió de lo crecido del río, de lo revuelto y turbio del torrente, de las dificultades y el riesgo de cruzar más arriba. Fui al lugar por donde he pasado a la otra orilla muchas veces y aunque no veía el fondo y la corriente empujaba bastante, crucé sin miedo, sonriendo como un bobo, disfrutando de la fuerza del agua, del pequeño riesgo y la certeza de tener la orilla entera para mí. Me sentía muy bien bajo la lluvia y toqué buenos peces. El campo olía a tierra mojada, jara y tomillo.

No estoy triste, aunque siento que no haya podido leer este libro, hubiéramos discutido mucho y eso, ahora lo sé, siempre fue un placer. Espero, deseo, sé que ella no tendrá miedo de cruzar.

***

Llevo más de doscientas páginas escritas de este panfleto y en ellas hay furia, indignación, rabia y tristeza. También mucha impotencia. Como mi madre ha muerto hace unos días, yo soy ahora la generación que le sigue. David, uno de mis compañeros de aventuras ciclistas, aunque es diez años más joven que yo, ya es abuelo.

Hemos cantado o gritado bastante «Se nos rompió el amor de tanto usarlo», como decía una tonadillera. De tanto usarlo mal, de abusar de él e ignorar las advertencias se nos rompieron las estaciones, el clima que teníamos antes de que comenzáramos a quemar carbón, luego petróleo y gas, hoy el futuro de los nuestros. Así que no deseo apuntar aquí más lamentos. Mis recomendaciones no son las de un experto sino las de un ciudadano corriente, un zapatero.

Los científicos que saben del clima ya han dado sus recomendaciones, son fáciles de encontrar y ya he apuntado algunas; así que las mías, las que ahora doy a Guillermo, que hoy que cumple veinticuatro años, son muy sencillas, también muy ambiciosas. Nosotros no nos hemos atrevido a seguirlas, ahí nos derrotaron. Pero, como dice el poeta Claudio Rodríguez:

A pesar y aún ahora
que estamos en derrota, nunca en doma.

Nunca en doma, así que…

Defiende que se haga mejor la necesaria, imprescindible y urgente pedagogía climática. Los expertos de verdad en el clima deben mancharse, como ya he dicho antes, explicar, proponer sus certezas y sus dudas, divulgar con rigor esa ciencia que demuestra el calentamiento global . Deben contar los porqués e insistir, su voz ha de ser constante y han de lograr expulsar de los foros de debate a los ignorantes, charlatanes, *vendemotos, opinólogos*, negacionistas que confunden y desinforman.

Lucha para que los que ahora están en las escuelas, en los centros de secundaria y en las universidades reciban una rigurosa educación científica. Que desde bien pequeños les enseñen a leer ciencia, a investigar por su cuenta, a utilizar esos laboratorios que suelen estar muertos de risa en un rincón de los centros educativos. Lucha para que no se siga enseñando una ciencia simplificada, boba, teoricista, memorialista, datista, poco práctica y también poco ambiciosa que al final casi es pseudociencia. El método científico no es algo opinable.

Da una patada al negacionismo, a los negacionistas, a los charlatanes, a los que no saben de ciencia pero tienen buenos altavoces mediáticos en los que cuentan sandeces. A los adivinos, astrólogos, echacartas, posmodernos o políticos que se atreven a opinar de todo lo que ignoran. No pierdas tu tiempo escuchando sus mensajes, solo es ruido, basura tóxica, naderías que os distraen de lo que es de verdad importante.

Da un corte de mangas al Green New Deal, al capitalismo Verde, a todo ese *greenwashing* que es una gran mentira. No te creas ninguna etiqueta, ningún producto, ninguna campaña en la que quieran venderte eso. Si quieres otro mundo, si deseas parar la velocidad con la que nos acercamos a este desastre, no te dejes seducir por estos gatopardos arteros.

Asume un compromiso personal, no delegues, no te fíes de ningún representante. Medita, estudia y decide siempre por ti mismo. Demuestra con tus hábitos y tu vida que se puede cambiar de camino, que vuestra generación no está aborregada como lo estuvo la nuestra.

No esperes que las grandes organizaciones transnacionales o el Gobierno de turno vayan a hacer nada de verdad radical y decisivo. Lo que hagas lo tendrás que hacer tú y los tuyos, sin que te obligue ninguna ley, directiva o agenda institucional. Que sea tu convicción la que oriente tus pasos. Lucha por una democracia directa radical y mundial. Ya sabes, me lo has dicho muchas veces, que «los tuyos» abarca a la humanidad entera.

Atrévete a repensar, reinventar el concepto de felicidad. Una idea que no tiene nada que ver con comprar objetos, seguir las modas, tener nuevos *gadgets*, ganar mucho dinero, viajar a todas partes muy rápido y hacer muchas fotos para enseñar en las redes. No te creas jamás a quienes te prometen o juran o explican que serás feliz si te compras ese coche o ese jersey. Atrévete incluso a despreciar la felicidad y a preferir la alegría, la dicha.

Atrévete, también, a redefinir la palabra «progreso» y la palabra «desarrollo». Para qué, por qué y para quién. Una buena vida, una vida mejor y más sana implica, también, que sea una vida mejor para todos, no solo para los mismos de siempre. Un progreso que no implique que tú estás mejor a costa de algunas destrucciones, guerras, acaparamientos y del dolor de otros. No permitas que todo lo mida el dinero. Lucha contra la mercantilización de todo. Tú ya sabes que hay cosas sin precio y sin embargo con un valor infinito.

Y no te digo más. No quería darte consejos. Todo lo que te acabo de decir ya sé que lo sabes. Yo lo he aprendido de ti, de vosotros y vosotras. También de mi madre, tu abuela. Quizá de todas las abuelas del mundo. Y los abuelos. Tener abuelo y abuela fue mi gran lujo cuando solo era un niño. Aún tengo sus mandarinos.

El otro día hablamos, recordamos que con noventa y tres años Stéphane Hessel escribió *Indignaos! Un alegato contra la indiferencia y a favor de la insurrección pacífica*. Apenas veintisiete páginas que consiguieron cambiar las vidas de muchos lectores. No podemos medir de qué forma sus palabras inspiraron a millones de personas a no conformarse, a desobedecer, a pensar de otra forma y a cambiar desde una acción personal y colectiva que luego se materializó en las Primaveras Árabes, Occupy Wall Street o el 15M de España. Tal vez hoy no quede casi nada de todo aquello. Pero yo creo que sí. Escribo la última frase del panfleto de Hessel:

A aquellos que harán el siglo XXI,
les decimos, con todo nuestro afecto:
«CREAR ES RESISTIR.
RESISTIR ES CREAR».

Pero basta ya de panfletos y de grandilocuencias, es tiempo de acción y de fiesta. Que también importa lo que dijo nuestra abuelita Emma Goldman:

¡Si no se puede bailar,
no es mi revolución!

Además hoy es tu cumpleaños y este libro es mi regalo. Sé que es poco, que no vale nada. Son solo palabras. Pero es lo que hay, lo que yo más aprecio.

No sé si en mi oficio de padre todos estos años he sido muy profesional. Si te he enseñado algo. Yo creo que casi nada. De ti he aprendido más y decirlo no es nada retórico, es una certeza. ¡Pero al menos espero haberte enseñado a pescar!

Creo que te he llevado a todos mis ríos, a todos sus rincones, a todas las pozas. Te he mostrado una hormiga preciosa, ese árbol que gruñe cuando el viento lo empuja, las ruinas misteriosas del molino viejo. También, te he enseñado a no tener miedo al cruzar por una zona difícil del torrente abrazado a mi hombro. He querido estar siempre al alcance de tu mano, he buscado muchas veces durante mucho tiempo un libro para ti y he ido al mercado a comprar unos callos porque sabía que eran tu plato preferido. No he dormido muchas noches esperando que te bajase la fiebre y he perdido por ti la inmortalidad arrogante que tanto apreciaba.

Hemos hecho muchos viajes largos hablando durante horas sobre cine y hace años que he descubierto que lo más difícil y lo más importante no iba a poder enseñártelo como si fuera una tabla de multiplicar. Contemplar cómo crecías y te hacías mejor, más alto, más guapo, más despierto y mejor pescador, mejor persona ha sido estupendo. Es verdad que quisiera haberte adelantado las lecciones, ahorrarte los esfuerzos, los fracasos o las frustraciones. Orientarte hacia algunas de las pocas certezas que conozco, que podrían servirte, que a mí me funcionan. A veces

¿para vivir?, ¿para pescar? Pero sé que solo lo vivido nos enseña. No se puede amar de oídas. Tampoco se puede aprender a pescar de oídas. La teoría está muy bien para los días de lluvia y frío como los de ahora, pero en los días de furia y río, de agua y paz solo aprendemos con nuestro propio cuerpo, utilizando nuestro extraño cerebro y luego: prueba error, casualidad, inspiración, secreto, ciencia, experiencia, astucia, intuición, persistencia, memoria, curiosidad.

Te confieso, ahora que ya estoy lanzado, que al principio quería que tocaras el premio, el éxito, el pez. Quien dice el pez dice el éxito. Ahora ya no. El premio, el éxito y hasta el dichoso pez son el pretexto de todos estos días quemados en belleza, en compartir el torrente, la orilla, todas estas palabras y también el silencio, los sueños y parte del tiempo por venir.

Ahora eres tú quien va delante y me muestras lo nuevo, todo lo que tenemos que hacer y no hacer para que este punto azul pálido sea habitable. Sigue caminando. Yo te sigo.

Viena, 12 de julio de 2023
Jarandilla de la Vera, 4 de febrero de 2024

AGRADECIMIENTOS

Al físico y meteorólogo José Miguel Viñas, a quien agradezco que haya prologado este panfleto. Autor de *Conocer la Meteorología* y *Nuestro reto climático*, con los que he aprendido a disfrutar de las tormentas y a entender que aún es posible evitar algunos desastres.

A Yayo Herrero y Pao Fernández Garrido por todo lo que he aprendido de sus, mis, causas ambientales, fluviales y políticas.

A Ernesto Pastor que, nos mostró y puso en valor los preciosos territorios, paisajes, andurriales y sendas ciclistas de las Montañas Vacías.

A Greta Tintin Eleonora Ernman Thunberg y su voz de tormenta.

Al físico y matemático del CSIC, divulgador y Pepito grillo Antonio Turiel Martínez, incombustible, insistente, apasionado y valiente comunicador de todo lo que tiene que ver con el calentamiento global.

Al físico, climatólogo de la Agencia Estatal de Meteorología y compañero de río Andrés Chazarra.

Al poeta, editor y hombre orquesta Marino González Montero, inventor del significado y las consecuencias del término, tan usado en este panfleto, «Futuro Ayer».

A Ángela Breña Cruz que me educó en la cocina sostenible y el derroche del cariño.

Al biólogo Ignacio R. Muñoz, defensor de los ríos que hacen grande al Duero; y a Santiago Robles, que ha tocado las aguas de todos los ríos de este país.

También a mi editor, Diego Blasco Cruces, que se empeñó en que no escribiese un ensayo largo sino *solo* un panfleto indignado. Sé que los datos aquí apuntados ya estarán anticuados pero no la emoción y el placer que he sentido escribiendo y explicando a mi hijo estas pocas verdades que ya viajan dentro de una botella por el mar del futuro.

REFERENCIAS

Los ensayos e investigaciones publicadas sobre el calentamiento global son legión. Cada día en las revistas científicas y en toda la prensa del mundo hay cientos de artículos de divulgación, análisis u opinión sobre el tema. También en las redes sociales. Pero en esta avalancha de información también hay mucha desinformación, postverdad, *fake news* y negacionismos desde todos los enfoques, apariencias e intenciones.

Por ese motivo es importante conocer una de las fuentes científicas de referencia: el informe completo del IPCC: www.ipcc.ch/report/ar6/wg1/

También es importante conocer los diversos escenarios de cambio climático proyectados para España; aquí los tienes: www.miteco.gob.es/es/cambio-climatico/temas/impactos-vulnerabilidad-y-adaptacion/plan-nacional-adaptacion-cambio-climatico/clima-escenarios.html

Aquí puedes echar un vistazo, y extraer tus propias conclusiones, al curioso mercado de derechos de emisiones de la Unión Europea: ec.europa.eu/clima/policies/ets_es

Para entender mejor en qué consiste la AMOC y el grave problema que, cualquier variación de su flujo, supone para el clima de Europa y del planeta, te recomiendo que leas esto: https://theconversation.com/el-oceano-atlantico-se-dirige-a-un-punto-de-inflexion-que-puede-desencadenar-un-cambio-climatico-extremo-en-cuestion-de-decadas-223508

Apunto aquí algunos de los libros que me han ayudado y orientado en la redacción de este panfleto:

Benjamin, Walter (2021): *Tesis sobre el concepto de historia y otros ensayos sobre historia y política*, Madrid, Alianza Editorial.

Biehl, Janet y Standenmaier, Peter (2011): *Ecofascismo. Lecciones sobre la experiencia alemana*, Virus Editorial.

Carson, Rachel (2016): *Primavera silenciosa*, Ed Crítica.

Enciso, Jaume (coord.) (2023): *Alerta al greenwashing. El ecoblanqueo en España*, Txalaparta ed.

McCarthy, Cormac (2009): *La carretera*, Debolsillo.

Escriva, Andreu (2023): *Y ahora yo qué hago. Cómo evitar la culpa climática y pasar a la acción*, Capitán Swing.

Fisher, Mark (2016): *Realismo capitalista: ¿no hay alternativa?* Caja Negra Ed.

Gore, Al (2007): *Una verdad Incómoda*, Gedisa ed.

Hanson, Thor (2024): *Lagartos huracanados y calamares de plástico. La dura y fascinante biología del cambio climático*, Madrid, Alianza Editorial.

Jones, L. (2021): *Perdiendo el Edén. Por qué necesitamos estar en contacto con la naturaleza*, Barcelona, Gatopardo ed.

Kitcher, Philips (2019): *Y vimos cambiar las estaciones*, Errata Naturae Ed. 2019

Kolbert, Elisabet (2019): *La sexta extinción*, Editorial Crítica. 2019

Latour, Bruno (2017): *Cara a cara con el planeta*, Siglo XXI ed.

Lovelock, James (2018): *La venganza de la Tierra*, Ed. Planeta.

Malm, Andreas (2020): *El murciélago y el capital (Coronavirus, cambio climático y guerra social)*, Errata Naturae Ed.

Mah, Alice (2024): *Plásticos sin límite: Cómo alimentan las empresas la crisis ecológica y qué podemos hacer al respecto*, Madrid, Alianza Editorial.

Martínez Alier, J. y J. Wagensberg (2017): *Solo tenemos un planeta*, Icaria.

Moore, Jason (2020): *El Capitalismo en la trama de la vida*, Ed. Traficantes de sueños.

Morton, Timothy (2019): *Ecología oscura. Sobre la coexistencia futura*, Paidós ed.

Rich, Nathaniel (2023): *Perdiendo la Tierra. La década en que podríamos haber detenido el cambio climático*, Capitán Swing.

Rifkin, Jeremy (2019): *El Green New Deal global. Por qué la civilización de los combustibles fósiles colapsará en torno a 2028 y el audaz plan económico para salvar la vida en la tierra*, Barcelona, Ediciones Paidós.

Rushkoff, Douglas (2023): *La supervivencia de los más ricos. Fantasías capitalistas de los milmillonarios tecnológicos*, Capitan Swing.

Servigne, P. y Stevens, R. (2020): *Colapsología*, Arpa.

Soria Breña, R. (2023): *España no es país para ríos. Viaje por las aguas que una vez amamos*, Madrid, Alianza Editorial.

Thoreau, Henry David (2020): *Musketaquid*, Errata Naturae.

Thunberg, Greta y otras (2020): *Nuestra casa está ardiendo. Una familia y un planeta en crisis*, Random House.

Turiel, Antonio (2020): *Petrocalipsis, Ensayo divulgativo sobre la crisis energética*, Editorial Alfabeto.

Turiel, Antonio y Bordera, Juan (2022): *El otoño de la civilización: Textos para una revolución inevitable*, Ed. Escritos contestatarios.

Valladares, Fernando (2023): *La recivilización. Desafíos, zancadillas y motivaciones para arreglar el mundo*, Ed. Destino.

Viñas, José Miguel (2019): *Conocer la meteorología. Diccionario Ilustrado del tiempo y el clima*, Madrid, Alianza Editorial.

Viñas, José Miguel (2022): *Nuestro reto climático (todavía estamos a tiempo de saldar nuestra deuda con el mundo y construir un futuro mejor)*, Ed. Alfabeto.

Wallace-Wells, David (2019): *El planeta inhóspito*, Debate.

Wilson, Edward O. (2017): *Medio planeta La lucha por las tierras salvajes en la era de la sexta extinción*, Errata Naturae.

Este libro, impreso
en Goudy Oldstyle Std,
se terminó de editar a inicios
de la poco silenciosa
y nada pacífica
primavera de 2024.